AUTOCAD
2024 START

AUTOCAD
2024 START 와 함께라면 단기간에 실력을
향상시킬 수 있습니다.

AUTOCAD
2024 START

초판 1쇄 발행 2023년 12월 14일

지은이 은정우 현정은

발행인 은정우

발행처 또북

주소 서울특별시 서초구 서초대로77길 39, 9층 104호 또북

전화 010 - 7907 - 7136

전자우편 designtb@naver.com

출판등록 2023년 8월 23일

등록번호 제2023 - 000161호

ISBN 979-11-984438-7-8 (13540)

머리말

안녕하세요. 우선 이 책을 선택하여 주신 여러분들께
진심으로 감사의 말씀을 드립니다.
수년간의 실무 경력과 교육 현장에서의 노하우를
바탕으로 캐드 프로그램을 처음 시작하시는
여러분들의 입장에서 교재를 집필하였습니다.
교재만으로도 충분히 학습이 가능하실 수 있도록
단계별 따라 하기식 예제를 수록하였으며 실질적으로

가장 많이 사용하는 툴 위주로 내용을 구성하였습니다.

mr. 비엔나 or 비엔나 쌤을 검색해주세요.
본 교재 따라하며 익히기 및 실습 예제 풀이 영상을
보실 수 있습니다.

따라하며 익히기 예제 캐드파일 다운로드 :
https://blog.naver.com/rebook00

Contents

Contents

Contents

Contents

Contents

START

AUTOCAD
시작하기

AutoCAD 시작하기

01 AutoCAD 소개

Autocad는 자동화 설계 프로그램으로 여기서 CAD는 Computer Aided Design & Drafting의 약어이며 컴퓨터(전산)를 활용한 능률적인 설계도면 작성 및 주석 기입, 다중 출력 등 다양한 작업을 수행할 수 있습니다.

현재 설계와 시공(제작), 감리가 필요한 다양한 관련 업종 분야에서 많은 엔지니어 및 시공 전문가들이 사용하고 있는 대표적인 2D 설계 프로그램입니다.

02 START / 시작 탭

Autocad 프로그램을 실행하면 **Start (시작 탭)** 화면이 보입니다.

Start (시작 탭) 화면에서는 다음 3가지 중 하나를 선택합니다.

[Open]   파일 열기

[Recent] 최근 작업 파일 선택

[New]   템플릿 선택하여 새로운 도면 파일 실행

03   Acadiso.dwt 선택

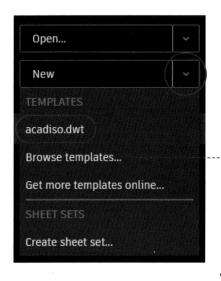

acadiso.dwt

[New] 버튼 오른쪽 화살표를 눌러서 창을 펼친 후
시작 템플릿으로 **acadiso.dwt**을 선택합니다.

acadiso.dwt :

미터법, ISO 치수 기입 설정 및 색상 기반
출력 스타일이 기본 설정 되어있는 템플릿입니다.

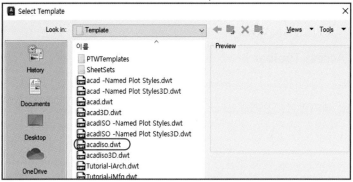

04   AutoCAD 고유 확장자 (파일 형식 종류)

dwg : 2/3차원 도면 정보를 저장하는 데 사용되는 오토캐드 표준 파일 형식

dwt : (Drawing Templates) 새로운 도면 생성 시 사용되는 기본 설정 파일 형식

dws : (Drawing Standard) 표준 설정값으로 도면 체크 시 사용되는 파일 형식

dwf (Design Web Format) / **dxf** (Drawing Exchange Format)

인터페이스 INTERFACE

01 인터페이스

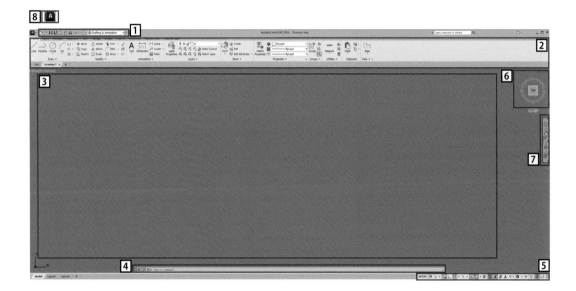

1 신속 접근 도구막대 (Quick Access Toolbar)

: 응용 프로그램에 자주 사용되는 명령 세트가 포함되어 있으며
필요한 경우 명령을 추가하고 제거할 수 있습니다.

2 리본 (Ribbon) 메뉴

: 도면 작성 및 출력, 관리 등 전반적인 프로그램 사용에 필요한 도구들을
탭과 패널별로 분류하고 찾기 쉽도록 아이콘 형태로 구성해놓은 메뉴입니다.

3 작업 공간 (Model Viewport)

: 2차원 및 3차원 제도 작업이 이루어지는 작업 공간입니다.

4 명령 입력줄 (Command Line)

: 툴을 사용할 때 리본 메뉴에서 툴 아이콘을 직접 선택하지 않고 명령어나 단축키를
입력하여 사용할 수 있도록 해주는 명령어 입력창이며
사용 툴의 옵션 설정 및 작업 내역(History)을 확인할 수 있습니다.

5 상태 바 (Staus Bar)

: 상태 바 오른쪽에 제도 작업에 필요한 보조 도구들이 아이콘 형태로 되어있으며
[ON / OFF] 할 수 있습니다.

6 뷰 큐브 (View Cube)

: 뷰 전환 및 화면 회전 등에 사용할 수 있는 화면 제어 도구입니다.

7 탐색 바 (Navigation Bar)

: 화면 확대 축소, 이동 등 화면 제어 도구들이 아이콘 형태로 모여있는 바입니다.

8 어플리케이션 버튼

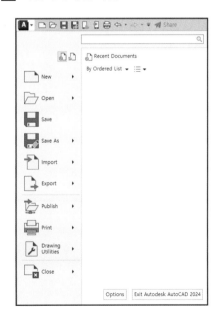

* 버튼 클릭 시 나오는 메뉴입니다.

[New]   새로만들기
[Open]   열기
[Save]   저장
[Save as]   다른 이름으로 저장
[Import]   가져오기
[Export]   내보내기
[Publish]   게시
[Print]   인쇄
[Drawing Utilities]   도면 유틸리티
[Close]   닫기

화면 제어

01 작업 화면 이동 / 확대 축소

☐1 화면 이동 (Pan)

: 마우스 가운데 스크롤 휠 (Scroll Wheel) 버튼을

누른 채로 마우스를 움직이면서 화면 이동을 할 수 있습니다.

☐2 화면 확대 축소

화면 확대 (ZOOM IN)

: 휠을 위쪽으로 돌려서, 밀어주시면 됩니다.

화면 축소 (ZOOM OUT)

: 휠을 아래쪽으로 돌려서, 당겨주시면 됩니다.

스크롤 휠 ------▶

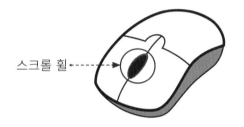

02 툴(도구) 사용 방법

☐1 리본 메뉴에서 툴 아이콘 직접 선택

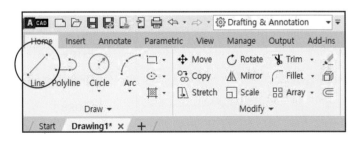

② 명령 입력줄 (Command Line)에 ⌈명령어⌉ 입력 후 Enter

Command : 명령어 / Line

```
Command: *Cancel*
Command: *Cancel*
Command: LINE
LINE Specify first point:
```

③ 명령 입력줄 (Command Line)에 ⌈단축키⌉ 입력 후 Enter

Alias : 단축키 / L

```
Command: *Cancel*
Command: l
LINE
LINE Specify first point:
```

* 명령어나 단축키 입력시 명령 입력줄에 마우스 커서를 클릭하지 않아도 입력이 됩니다.

03 툴(도구) 사용완료 = Enter / Space bar

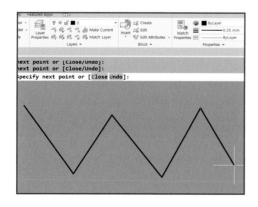

: 툴 사용 종료나 완료 시에는 Enter 또는
Space bar를 눌러서 완료합니다.

first point --> next point --> next point
--> next point .... Enter

LIMITS

01 LIMITS 도면 한계 영역 확인

1 상태 바에서 Grid 아이콘 위에 마우스 커서를 올린 다음 마우스 오른쪽 버튼을 클릭하여
Grid Settings을 눌러주면 [Drafting Settings] 창이 열립니다.

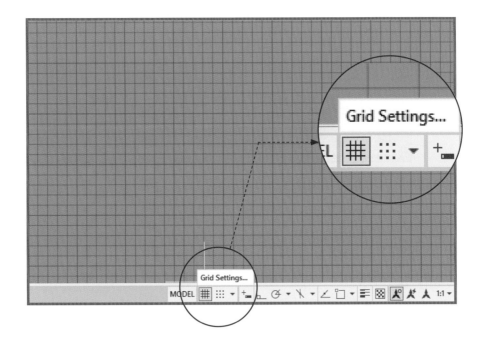

[Drafting Settings / DS] 창

: 상태 바 오른쪽에 위치한 제도 보조도구 세팅창으로

세팅이 가능한 도구들만 탭으로 구성되어 있으며 세부적인 옵션 조정을 할 수 있습니다.

2 Grid behavior에서 [Display grid beyond Limits] 옵션을 체크 해제합니다.

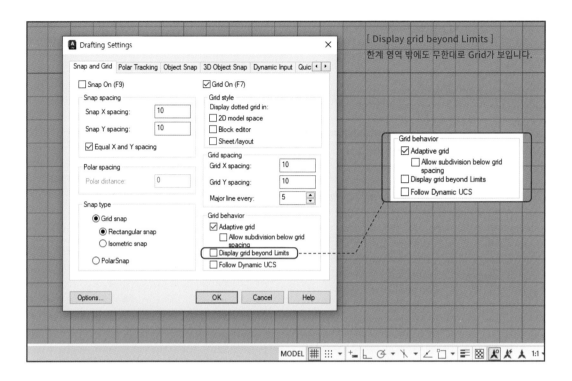

3 OK 눌러서 창을 닫은 후 마우스 휠 버튼을 더블클릭하면
그리드 영역이 화면 중앙에 오게 되고 그리드 영역의 사이즈는
Limits 영역, 즉 A3 사이즈로 보이게 됩니다.

* 작업 공간에 객체가 없을 경우에만 해당됨

[Zoom Extents / 마우스 휠 더블클릭]

: 작업 공간에 있는 객체들을 화면에 꽉 차도록 확대 시켜줍니다.

화면에 객체가 없을 때에 마우스 휠을 더블 클릭하면

작업 화면 중앙 배치, 즉 Limits 영역 중앙 배치가 실행됩니다.

LIMITS

4 Limits 설정 영역 안에만 그리드가 표시됩니다.

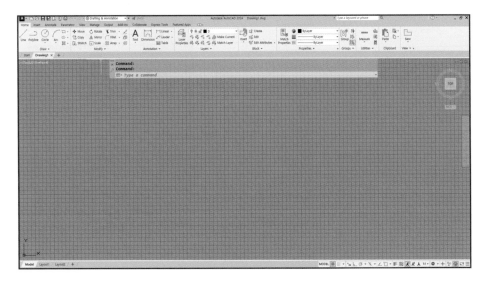

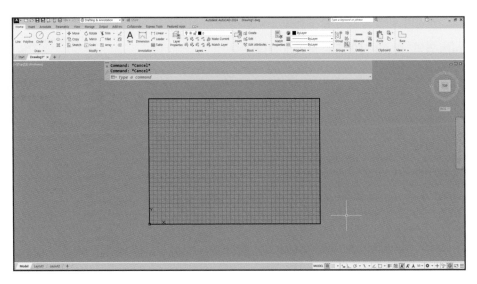

5 Grid 한 칸의 크기는 10x10mm로 되어있습니다.

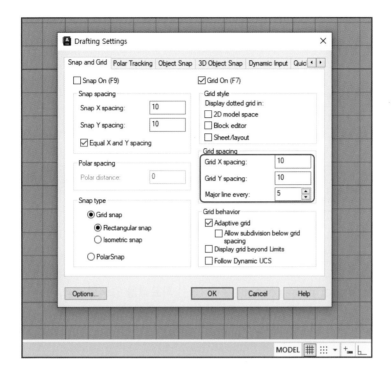

acadiso.dwt

acadiso 템플릿 실행 시 Limits 영역 크기는(420 x 297) mm로 되어 있으므로
X축 방향으로 그리드가 총 42칸이 보입니다.

02   LIMITS 도면 한계 영역 설정

1 명령 입력줄 (Command Line)에 [Limits] 입력 후 Enter

LIMITS

[2] Limits 영역의 Lower left corner (좌측 하단) 좌표값을 입력합니다.

: 키보드에 0, 0 입력 후 Enter

```
Command: LIMITS
Reset Model space limits:
LIMITS Specify lower left corner or [ON OFF] <0.0000,0.0000>: 0,0
```

[3] Limits 영역의 Upper right corner (우측 상단) 좌표값을 입력합니다.

: 키보드에 297, 210 입력 후 Enter

```
Reset Model space limits:
Specify lower left corner or [ON/OFF] <0.0000,0.0000>: 0,0
LIMITS Specify upper right corner <420.0000,297.0000>: 297,210
```

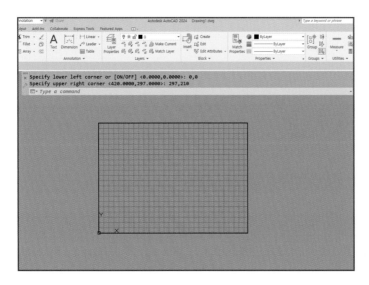

: 그리드 영역이 기존의
420 X 297 크기에서
297 X 210 크기로 줄어든
것을 확인할 수 있습니다.

4 Limits 도면 한계 영역 사용하기

: 명령 입력줄 (Command Line)에 Limits 입력 후 Enter

  선택 옵션 [ON / OFF] 중 [ON]을 선택합니다.

```
Command: LIMITS
Reset Model space limits:
LIMITS Specify lower left corner or [ON OFF] <0.0000,0.0000>:
```

5 Limits [ON]

: Limits [ON] 되어있으면 Limits 영역 밖에서는 선을 작성할 수 없습니다.

  영역 안에서만 선을 작성할 수 있습니다.

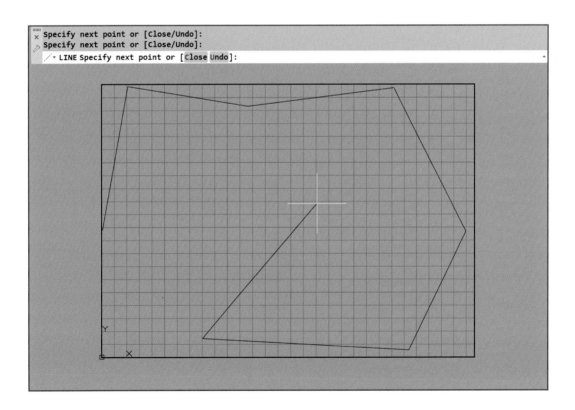

LINE 선 그리기

01 절대 좌표값 입력

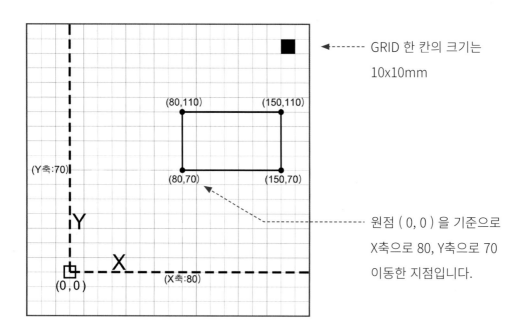

GRID 한 칸의 크기는
10x10mm

원점 (0, 0) 을 기준으로
X축으로 80, Y축으로 70
이동한 지점입니다.

따라하며 익히기

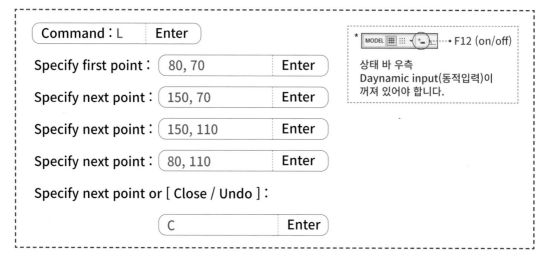

Command : L   Enter

Specify first point : 80, 70   Enter

Specify next point : 150, 70   Enter

Specify next point : 150, 110   Enter

Specify next point : 80, 110   Enter

Specify next point or [Close / Undo] :

C   Enter

* MODEL ──• F12 (on/off)

상태 바 우측
Daynamic input(동적입력)이
꺼져 있어야 합니다.

02 상대 좌표값 입력

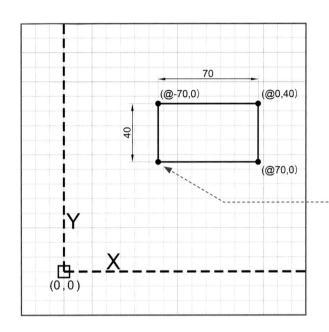

임의의 시작점을 원점으로
지정할 때에는 특수기호 [@]를
넣어주면 됩니다.

@ : 원점을 의미함

따라하며 익히기

Command : L   Enter

Specify first point : 임의의 시작점을 찍어줍니다.

Specify next point : @ 70, 0   Enter

Specify next point : @ 0, 40   Enter

Specify next point : @ -70, 0   Enter

Specify next point or [Close / Undo] :

C   Enter

LINE 선 그리기

03 상대 극좌표 입력

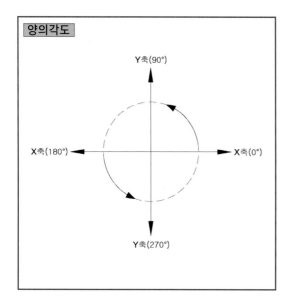

양의각도

: 0도를 기준으로 선의 방향(각도 값)과
선의 길이를 입력하는 방식입니다.

입력 방식 : @ 선의 길이 < 각도값

: 0도를 기준으로 **시계 반대 방향**으로
돌아갈 경우 각도 값은 **양의 각도**입니다.

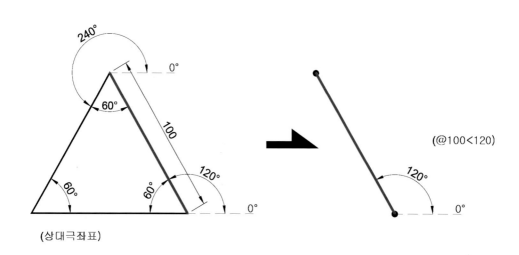

(상대극좌표)

(@100<120)

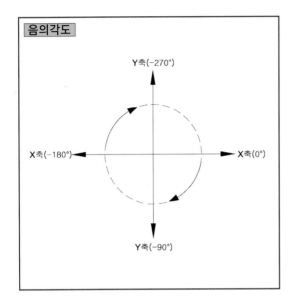

음의각도

Y축(−270°)

X축(−180°)   X축(0°)

Y축(−90°)

: 0도를 기준으로 **시계 방향**으로
돌아갈 경우 각도 값은 **음의 각도**입니다.

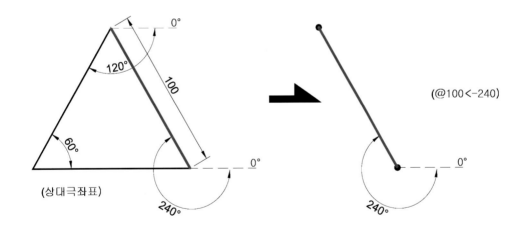

120°   100

60°

0°

0°

(상대극좌표)   240°

(@100<−240)

240°   0°

LINE 선 그리기

EX - 1

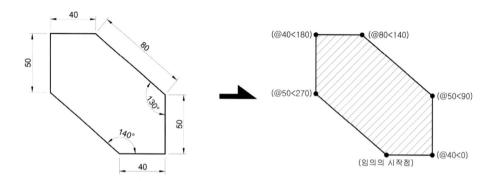

따라하며 익히기

Command : L　Enter

Specify first point : 임의의 시작점을 찍어줍니다.

Specify next point : @ 40 < 0　Enter

Specify next point : @ 50 < 90　Enter

Specify next point : @ 80 < 140　Enter

Specify next point : @ 40 < 180　Enter

Specify next point : @ 50 < 270　Enter

Specify next point or [Close / Undo] :

C　Enter

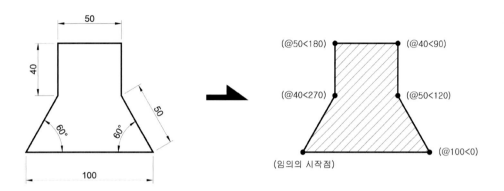

따라하며 익히기

Command : L   Enter

Specify first point : 임의의 시작점을 찍어줍니다.

Specify next point : @ 100 < 0   Enter

Specify next point : @ 50 < 120   Enter

Specify next point : @ 40 < 90   Enter

Specify next point : @ 50 < 180   Enter

Specify next point : @ 40 < 270   Enter

Specify next point or [Close / Undo] :

C   Enter

객체 선택 방법

01 Pick Box로 선택

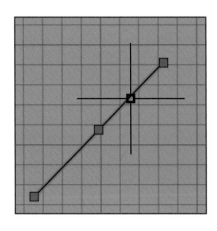

: 기본 설정은 Pick Add 모드이며
  마우스 커서 가운데 [**Pick Box**]로
  객체를 찍어서 선택을 더하는 방식입니다.

: [Pick Add] 모드 일 때는 Shift 키를 누르고
  선택하면 선택 빼기가 됩니다 .

02 Window / 전체창

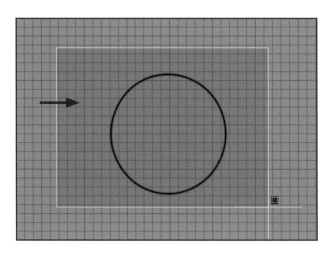

: 좌측 -> 우측으로 드래그하여
  선택하는 방식입니다.

: 파란색 창 안에 객체의 전체가
  들어와야 선택됩니다.

* 창 내부 색상 : 파란색 / 창 경계선 : 실선

03 Crossing / 걸침창

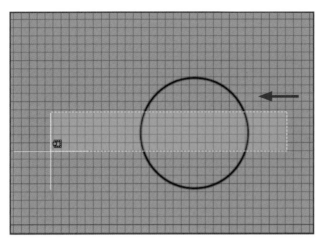

: 우측 -> 좌측으로 드래그하여
  선택하는 방식입니다.

: 녹색 창 안에 객체가
  들어오거나 경계 부분에 걸치면
  선택됩니다.

* 다중 선택시 주로 사용됩니다.

* 창 내부 색상 : 녹색 / 창 경계선 : 점선

04 Select Similar / Quick Select

Select Similar

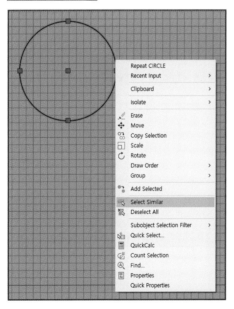

Quick Select

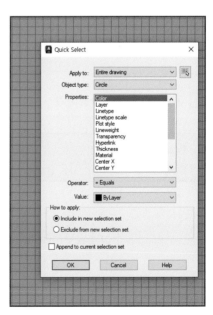

Select Similar : 선택한 객체와 유사한 객체들을 선택합니다.

Quick Select : 지정한 속성과 같은 속성을 가지고 있는
　　　　　　　객체들을 선택할 수 있습니다.

Zoom 확대 축소

01 Zoom / Z

ZOOM 툴을 사용하면 작업 공간을 다양한 방식으로 확대 축소할 수 있습니다.
툴을 학습하면서 [Command line]의 진행 방식도 같이 알아보겠습니다.

Comman line를 통한 프로그램과의 대화 진행방식

명령어 [Zoom] 또는 단축키 [Z]를 입력하고 Enter를 치면 Command line에서는 다음과
같은 형식으로 진행이 됩니다.

┌ 해당 툴의 기본 사용 방법 or [다른 사용 방법 A / B / C ..] < 특정 방법, 이전에 입력한 수치값 > ┘

```
Command: ZOOM
Specify corner of window, enter a scale factor (nX or nXP), or      1        3
±⊕▾ ZOOM [All Center Dynamic Extents Previous Scale Window Object] <real time>:
                                      2
```

⬇

1 기본 사용 방법 사용하기

```
× Command: ZOOM
⚙ Specify corner of window, enter a scale factor (nX or nXP), or
```

[**or**] 앞부분에는 해당 툴의 기본 사용 방법을 제시하여 줍니다.

【 기본 방법을 사용할 경우 제시 된 방법대로 진행하여 주시면 됩니다. 】

2 선택 옵션 사용하기

```
⊥_ꟼ▾ ZOOM [All Center Dynamic Extents Previous Scale Window Object]
```

[or] 다음에는 [선택 옵션 A / B / C ....] 이 나열됩니다.

[1. 명령 입력창에서 원하는 옵션을 직접 찍어서 선택할 수 있습니다.]

[2. 마우스 오른쪽 버튼 클릭 (바로 가기 메뉴)에서 선택할 수 있습니다.]

[3. 파란색 대문자가 단축키이므로 입력하여 선택할 수 있습니다.]

3 <   > 괄호 안의 수치, 특정 옵션 사용하기

```
<real time>:
```

[<   > 괄호 안의 수치나 특정 옵션을 실행하고자 할 때는 Enter 키를 눌러줍니다.]

* Enter 대신에 Space bar를 눌러주셔도 됩니다.

Zoom 확대 축소

02 Zoom Window / Zoom Extents

Zoom 툴의 여러가지 사용 방법 중 사용 빈도가 가장 높은 것은 [Zoom Window]와
[Zoom Extents] 두 가지입니다. 이 두 가지 확대 축소 방법에 대하여 알아보겠습니다.

03 Zoom Window

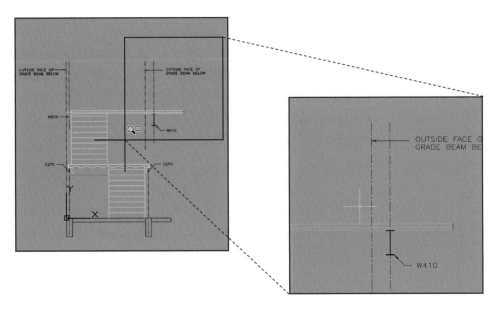

```
Command: ZOOM
Specify corner of window, enter a scale factor (nX or nXP), or
```

: [Zoom Window]는 Zoom 툴의 기본 사용방법 중 하나로 단축키 [Z] 입력 후 Enter를 칩니다.

: 임의의 한쪽 모서리 지점에서 반대편 모서리 지점으로 드래그하여 Window 영역을 잡아주면
  해당 Window 영역이 확대가 됩니다.

04 Zoom Extents

±⚲▾ **ZOOM [All Center Dynamic (Extents) Previous Scale Window Object]**

: **[Zoom Extents]**는 Zoom 툴의 선택 옵션 중 가장 많이 사용되는 옵션으로 작업 공간에 있는
객체들이 화면에 꽉 차게 보이도록 화면을 확대시켜줍니다.

: 단축키 **[Z]** 입력 후 Enter를 칩니다.
명령 입력창에서 직접 찍어서 선택하거나, 마우스 오른쪽 버튼 클릭하여 선택 또는 단축키 **[E]**
를 입력하여 선택할 수도 있습니다.
[Zoom Extents]를 가장 빠르게 선택하는 방법은 **마우스 휠 더블 클릭**입니다.

[마우스 휠을 더블 클릭하여 [Zoom Extents]를 실행할 수 있습니다. **]**

화면에 객체가 없을 때에 마우스 휠을 더블 클릭하면
작업 화면 [Zoom All (중앙 배치)]가 실행됩니다.

Drafting Toolbar 제도 도구막대

01 Drafting Toolbar

: 상태 바 (Staus Bar) 오른쪽에 위치하고 있으며

제도를 할 때 꼭 필요한 Tracking (각도 추적) 툴 및 객체 포인트 스냅툴 등

다양한 제도 보조 도구들이 모여있습니다.

* 오른쪽 끝 삼선(Customization)을 클릭한 후 체크 및 체크 해제하여

툴 아이콘을 보이게 하거나 보이지 않도록 할 수 있습니다.

02 Drafting Settings

[Drafting Settings] 창 / 단축키 : [DS]

: 상태 바 오른쪽에 위치한 제도 보조 도구 세팅창으로 세팅이 가능한 도구들만 탭으로 구성되어

있으며 세부적인 옵션을 조정할 수 있습니다.

03 필수 제도 보조도구

① ⊞ 동적 입력 / Dynamic Input / F12

: 다음 포인트로 갈때 Relative coordinates (상대좌표)

즉, @ (상대원점)을 입력하여 줍니다.

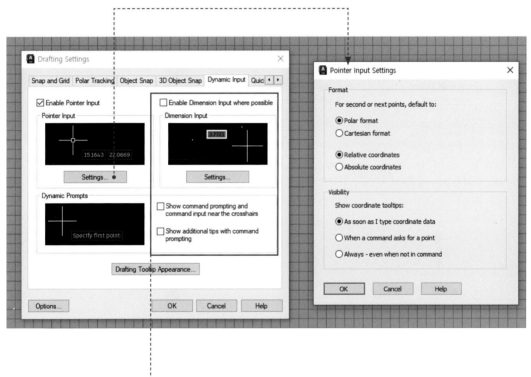

입력하는 명령어나 단축키를 마우스 근처에서 굳이 볼 필요가 없으며, tracking 기능을 사용하면 길이나 각도 등은 바로 확인이 가능하므로, 중복되거나 불필요한 기능들은 체크 해제 하는 것이 좋습니다.

Drafting Toolbar 제도 도구막대

2 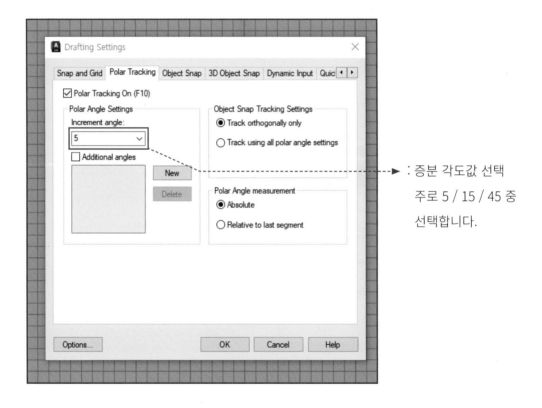 원형 추적 모드 / Polar Tracking / F10

: 객체를 그리거나 이동할 때에 지정한 각도값으로 제한하여 각도를 잡아주는 도구입니다.

: 증분 각도값 선택
  주로 5 / 15 / 45 중
  선택합니다.

: 5 를 선택 시, 5의 배수 5 / 10 / 15 / 20 / 25 / 30 / 35 / 40 ~~~~~
즉, 5도마다 Tracking이 됩니다.
* 5의 배수가 아닌 다른 각도 값은 [Additional angles] 안에 추가할 수 있습니다.

: [Shift] 키를 누를 경우 직교(Ortho)가 됩니다.

3 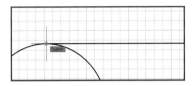 객체 스냅 / Osnap / F3

: Object Snap 기능은 객체의 특정 포인트에 마우스 커서가 가까이 갔을 때
  자석에 달라붙듯이 스냅이 걸리는 것입니다.

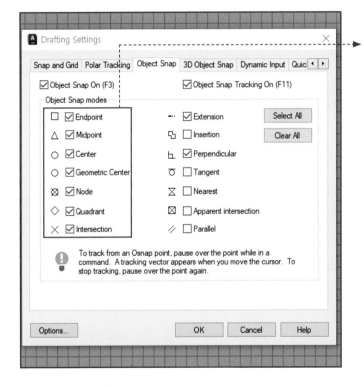

: 왼쪽 스냅 포인트는 전부
  체크하고, 오른쪽에서는
  [Extension]
  [Perpendicular]
  두 개만 체크합니다.

: 나머지 스냅 포인트는
  단일 스냅 모드를 사용하여
  선택적으로 사용합니다.

Drafting Toolbar 제도 도구막대

4 | 객체 스냅 추적 모드 / Osnap Tracking mode / F11

: 특정 스냅이 잡힌 포인트로부터 일정한 각도를 잡아주는 기능입니다.

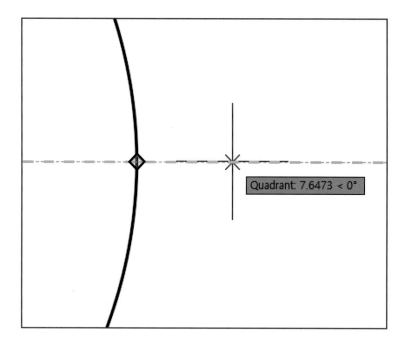

Quadrant: 7.6473 < 0°

[필수 제도 보조도구]

: 제도할 때 [**ON**] 되어 있어야 하는 기능 4가지

5 단일 객체 스냅 모드 / Single Osnap Mode

: 선택한 한 가지 스냅 포인트만 스냅이 잡히게 해주는 기능입니다.

: 스냅 포인트 이름의 앞 3자를 입력하여 사용할 수도 있습니다.

ex)　　**End**point : **end**　　**Mid**point : **mid**

: 보통은 [**Shift + 마우스 오른쪽 버튼**] 클릭하여 선택합니다.

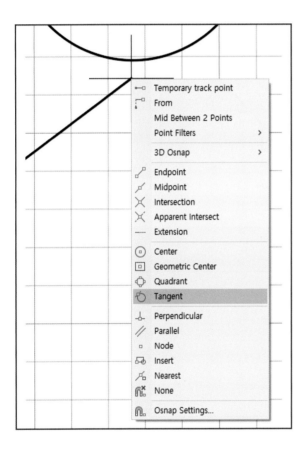

[**Shift + 마우스 오른쪽 버튼**]

: 직접 스냅 포인트를 선택하여
　단일 스냅을 잡을 수 있습니다.

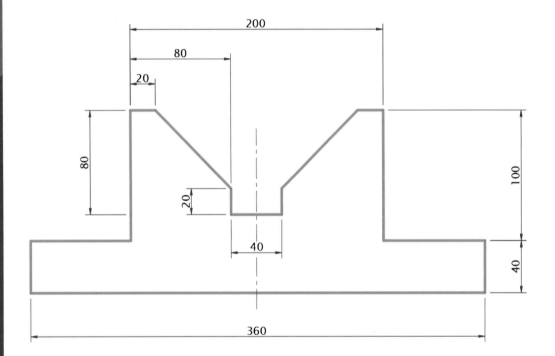

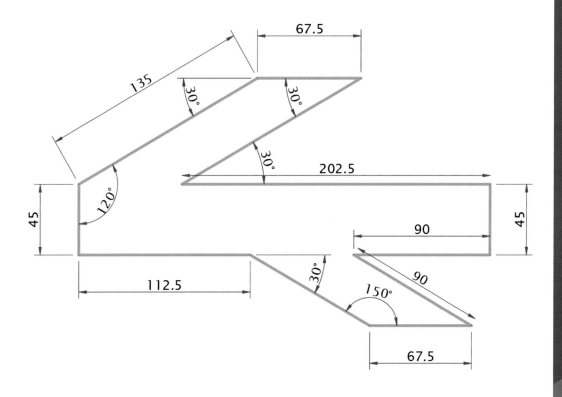

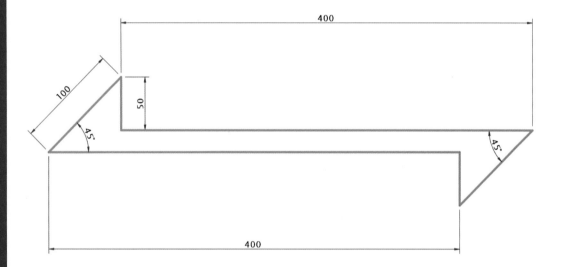

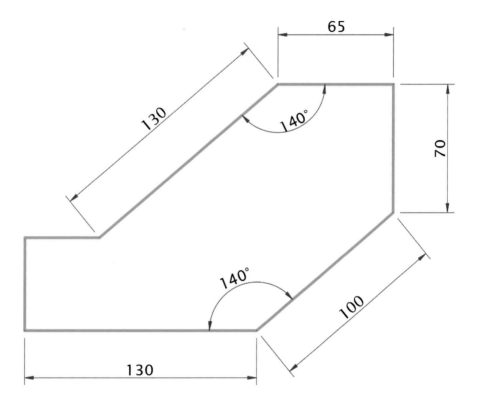

Circle 원 그리기

01 Center , Radius

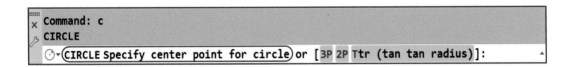

```
Command: c
CIRCLE
CIRCLE Specify center point for circle or [3P 2P Ttr (tan tan radius)]:
```

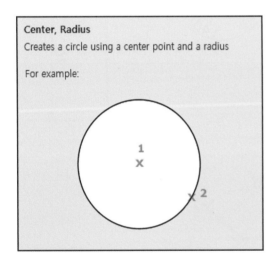

Center, Radius
Creates a circle using a center point and a radius

For example:

: 원을 그리는 기본 방법으로
  원의 중심점을 지정하고
  반지름 값을 입력하는 방식입니다.

EX

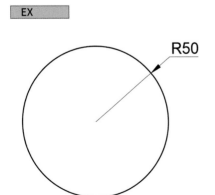

R50

따라하며 익히기

Command : c   Enter

Specify center point for circle :

임의로 원의 중심점을 찍어줍니다.

Specify radius of circle :

50   Enter

02 Center , Diameter

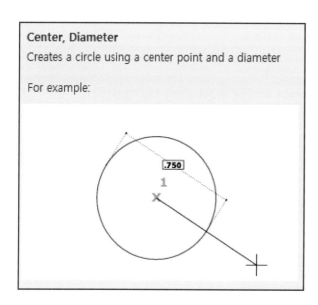

Center, Diameter

Creates a circle using a center point and a diameter

For example:

: 중심점을 찍은 뒤 선택 옵션
 [Diameter]를 선택하고
 지름 값을 입력하는 방식입니다.

EX

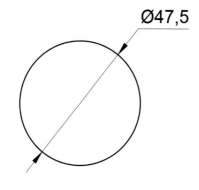

Ø47,5

따라하며 익히기

Command : c   Enter

Specify center point for circle :

임의로 원의 중심점을 찍어줍니다.

Specify radius of circle or [Diameter]

Diameter 선택합니다.

Specify diameter of circle :

47.5   Enter

Circle 원 그리기

03 2 - Point

```
Command: c
CIRCLE
CIRCLE Specify center point for circle or [3P 2P Ttr (tan tan radius)]:
```

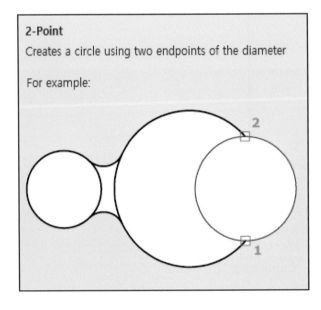

2-Point

Creates a circle using two endpoints of the diameter

For example:

: 원 지름의 두 끝점을 지정하여
  원을 생성하는 방식입니다.

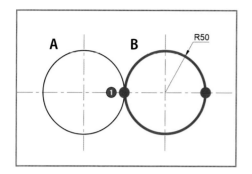

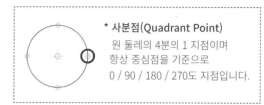

* 사분점(Quadrant Point)
원 둘레의 4분의 1 지점이며
항상 중심점을 기준으로
0 / 90 / 180 / 270도 지점입니다.

따라하며 익히기

* A 원을 먼저 그리겠습니다

Command : c   Enter

Specify center point for circle or [3P 2P Ttr (tan tan radius)]

임의로 원의 중심점을 찍어줍니다.

Specify radius of circle or [Diameter]

50   Enter

* B 원을 A 원 오른쪽 사분점에 붙혀서 그려보겠습니다.

Command : c   Enter

Specify center point for circle or [3P 2P Ttr (tan tan radius)]

2P를 선택합니다.

Specify first end point of circle's diameter

A 원의 오른쪽 사분점 [❶]을 찍어줍니다.

Specify second end point of circle's diameter

Osnap Tracking 을 활용하여 0도로 방향을 잡고 100을 입력한 뒤에 Enter를 칩니다.

Circle 원 그리기

04 3 - Point

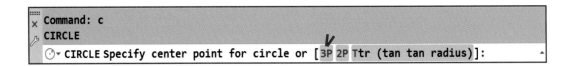

```
Command: c
CIRCLE
CIRCLE Specify center point for circle or [3P 2P Ttr (tan tan radius)]:
```

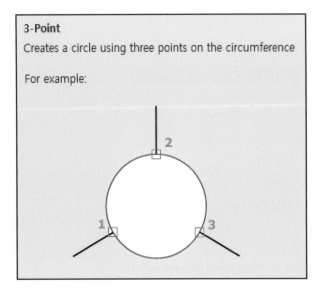

3-Point

Creates a circle using three points on the circumference

For example:

: 3점과 접하는 원을
그리는 방식입니다.

05 Tan , Tan , Radius

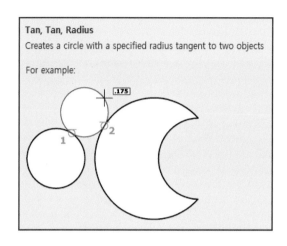

Tan, Tan, Radius
Creates a circle with a specified radius tangent to two objects

For example:

: 임의의 두 tangent 지점을 지정한 후
반지름 값을 입력하여
원을 그리는 방식입니다.

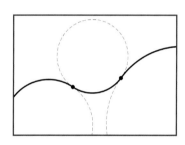

[Tangent] 포인트로 접하는 지점이란 ?

: 직선 마디와 곡선 마디 또는
곡선 마디들이 서로 연결이 될 때 연결되는 지점을 기준으로
양쪽의 마디가 본래의 형상을 최대한 유지하면서
최소한의 곡률로 연결되려면 어느 지점에서 만나야 할지를
오토캐드 프로그램이 해당 지점을 찾아줍니다.

* Tangent로 만나는 지점은 최소한의 곡률이 성립되는 지점입니다.

06 Tan , Tan , Tan

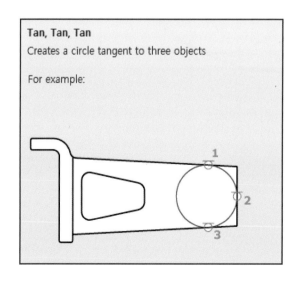

Tan, Tan, Tan
Creates a circle tangent to three objects

For example:

: 3 tangent 지점과 접하는 원을
그리는 방식입니다.

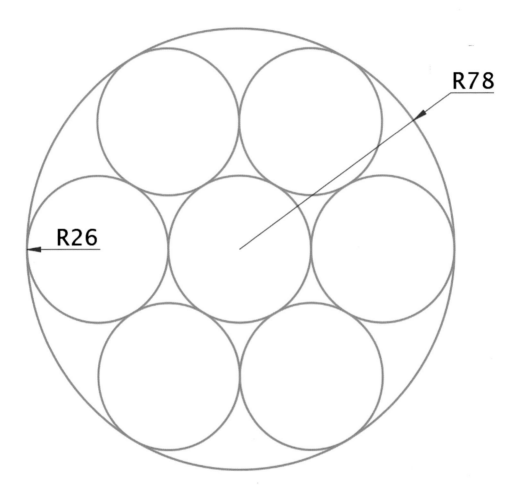

R78

R26

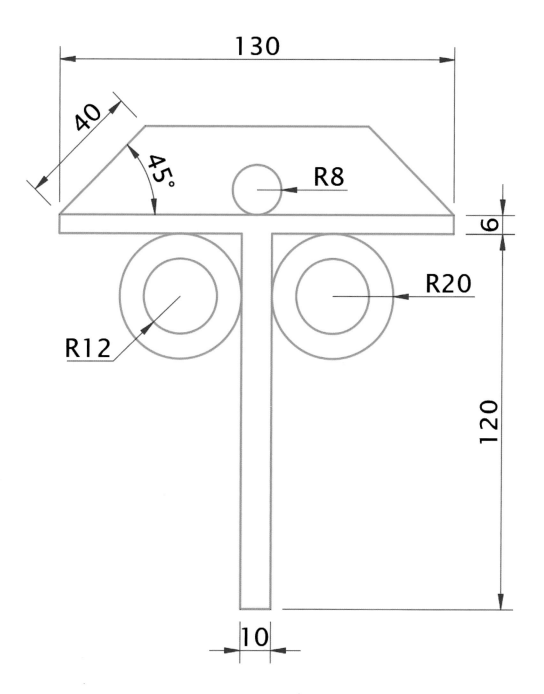

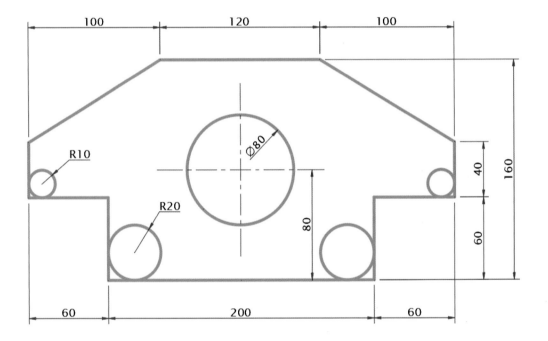

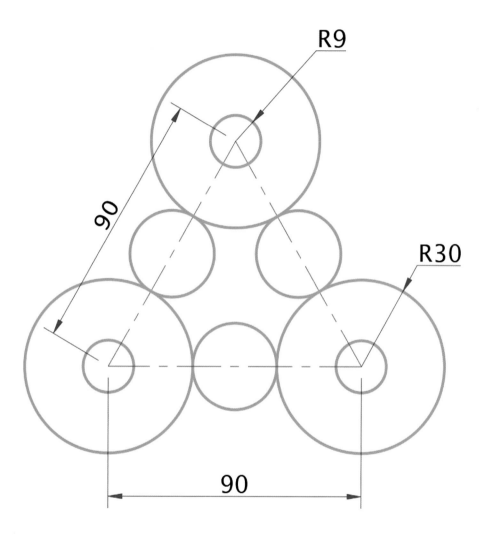

R9

R30

90

90

ARC 호 그리기

01 3 - Point

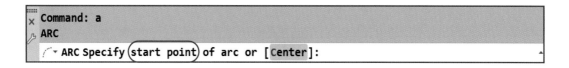

```
× Command: a
⅄ ARC
  ⌐⁺ ARC Specify (start point) of arc or [Center]:
```

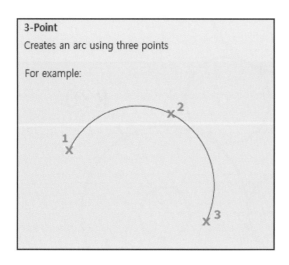

3-Point

Creates an arc using three points

For example:

: 3점의 위치를 순서대로 지정하여
　Arc를 그립니다.

: [Start / Second / End]

따라하며 익히기　　　　　　　　따라하며 익히기 예제 파일 / P.60.dwg

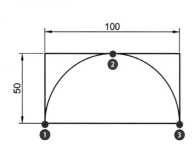

EX

Command : a   Enter

Specify start point of arc :

❶번 지점을 찍어줍니다.

Specify second point of arc :

❷번 지점을 찍어줍니다.

Specify end point of arc :

❸번 지점을 찍어줍니다.

Start , End , Radius

```
Command: a
ARC
   ARC Specify (start point) of arc or [Center]:
```

Start, End, Radius

Creates an arc using a start point, endpoint, and a radius

The direction of the bulge of the arc is determined by the order in which you specify its endpoints. You can specify the radius either by entering it or by specifying a point at the desired radius distance.

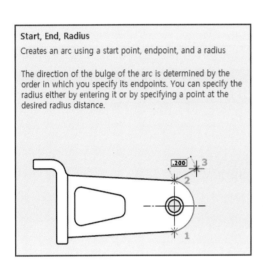

: Arc의 시작점을 지정한 다음
  중간점 대신 끝점을 지정하고
  반지름 값을 입력하여 Arc를 그립니다.

: 시작점과 끝점을 지정할 때는
  시계 반대 방향으로 순서를 정합니다.

따라하며 익히기 따라하며 익히기 예제 파일 / P.61.dwg

EX

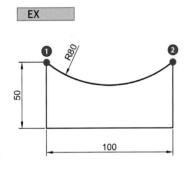

Command : a   Enter

Specify start point of arc :

❶번 지점을 찍어줍니다.

Specify second point of arc or [Center / End]

End를 선택한 후 ❷번 지점을 찍어줍니다.

Specify center point of arc or
[Angle / Direction / Radius]

Radius를 선택한 후 80을 입력하고 Enter를 칩니다.

ARC 호 그리기

03 Center , Start , End

```
Command: a
ARC
ARC Specify start point of arc or [Center]:
```

Center, Start, End
Creates an arc using a center point, start point, and a third point that determines the endpoint

The distance between the start point and the center determines the radius. The endpoint is determined by a line from the center that passes through the third point.

The resulting arc is always created counterclockwise from the start point.

: Center 지점을 먼저 지정한 후
  Arc의 시작점과 끝점을 순서대로 지정하여
  Arc를 그립니다.

: 시작점과 끝점을 지정할 때는
  시계 반대 방향으로 순서를 정합니다.

따라하며 익히기　　　　　따라하며 익히기 예제 파일 / P.62.dwg

EX

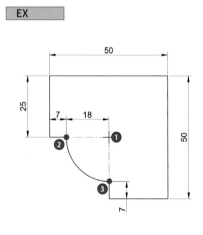

| Command : a | Enter |

Specify start point of arc or [center]

center를 선택하고 ❶번 지점을 찍어줍니다.

Specify start point of arc :

❷번 지점을 찍어줍니다.

Specify end point of arc :

❸번 지점을 찍어줍니다.

04 Start , End , Angle

```
× Command: a
  ARC
    ⌐▾ ARC Specify (start point) of arc or [Center]:
```

Start, End, Angle

Creates an arc using a start point, endpoint, and an included angle

The included angle between the endpoints of the arc determines the center and the radius of the arc.

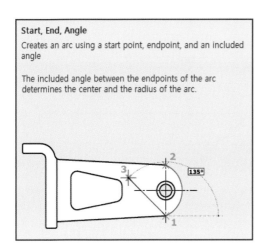

: Arc의 시작점을 지정한 후

　두 번째 지점 대신 끝점을 지정하고

　각도 값을 입력하여 Arc를 그립니다.

: 시작점과 끝점을 지정할 때는

　시계 반대 방향으로 순서를 정합니다.

따라하며 익히기　　　　　　　따라하며 익히기 예제 파일 / P.63.dwg

EX

Command : a　Enter

Specify start point of arc :

❶번 지점을 찍어줍니다.

Specify second point of arc or [Center End]

End를 선택한 후 ❷번 지점을 찍어줍니다.

**Specify center point of arc or
[Angle Direction Radius]**

Angle를 선택한 후 45를 입력하고 Enter를 칩니다.

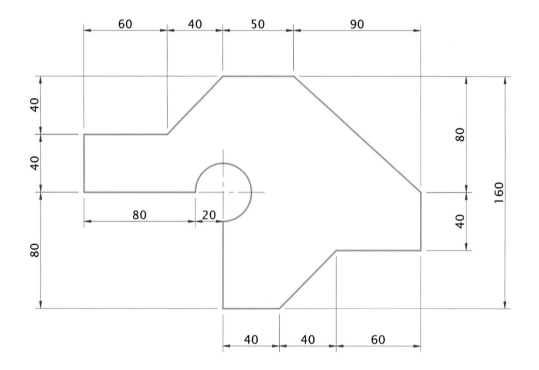

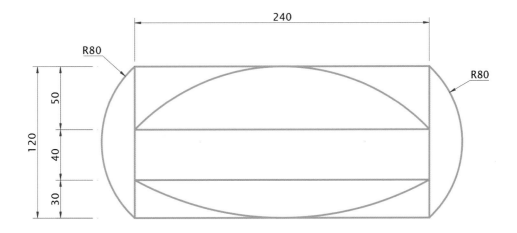

Rectangle 직사각형

01 상대 좌표 입력 방식

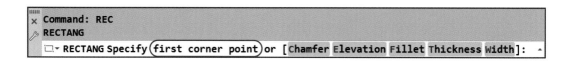

```
Command: REC
RECTANG
RECTANG Specify (first corner point) or [Chamfer Elevation Fillet Thickness Width]:
```

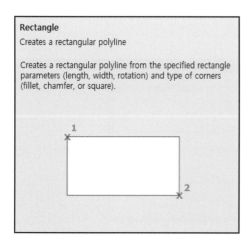

Rectangle
Creates a rectangular polyline

Creates a rectangular polyline from the specified rectangle parameters (length, width, rotation) and type of corners (fillet, chamfer, or square).

: 사각형의 first corner point
(첫 번째 모서리 지점)을 지정하고
orther corner point (다른 모서리 지점) 까지의
이동 거리 값을 입력할 때
상대 좌표 입력 방식을 사용합니다.

EX

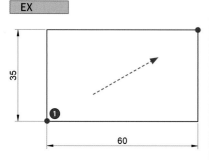

따라하며 익히기

| Command : rec | Enter |

Specify first corner point or [C / E / F / T / W]

임의의 ❶번 지점을 찍어줍니다.

Specify other corner point or [A / D / R]

| @ 60, 35 | Enter |

 동적 입력 / Dynamic Input / F12

: 동적 입력 기능이 [ON] 되어 있을 때는, other corner point까지의 상대 좌표값 을 입력할 때

@는 직접 입력하지 않아도 됩니다. 즉, 좌표값 입력 시 60, 35만 입력하여 주면 됩니다.

(* 동적 입력 기능 중에는 @를 대신 입력시켜주는 기능이 있습니다.)

02 Dimension 입력 방식

```
x  Command: REC
   RECTANG
   □▾ RECTANG Specify (first corner point) or [Chamfer Elevation Fillet Thickness Width]:  ▲
```

EX

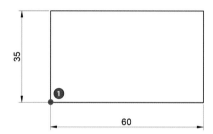

: 사각형의 first corner point
(첫 번째 모서리 지점)을 지정하고
Dimension을 선택한 뒤
Length와 Width 값을 입력하여
Rectangle을 그립니다.

따라하며 익히기

> Command : rec | Enter
>
> Specify first corner point or [C / E / F / T / W]
>
> 임의의 ❶번 지점을 찍어줍니다.
>
> Specify other corner point or [Area / Dimension / Rotation]
>
> Dimension을 선택합니다.
>
> Specify length for rectangles
>
> 60 | Enter
>
> Specify width for rectangles
>
> 35 | Enter
>
> Specify other corner point or [Area / Dimension / Rotation]
>
> 임의의 지점을 찍어서 방향을 지정합니다.

SECTION 12

Polyline 폴리선 그리기

01 Pline / pl

```
× Command:
  Command: _pline
  PLINE Specify start point:
```

Polyline

Creates a 2D polyline

A 2D polyline is a connected sequence of segments created as a single planar object. You can create straight line segments, arc segments, or a combination of the two.

: 직선과 호 마디로 이루어진 단일객체를
  생성할 수 있습니다.

: 각 마디 (Segment)별로 시작과 끝의 두께
  를 다르게 지정할 수 있습니다.

: 캐드 프로그램에서 유일하게 선의 두께
  (Line width)를 지정할 수 있습니다.

02 Line width 입력 방식

EX

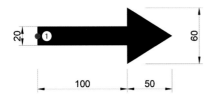

: 각 Segment 마다 시작과 끝의
  두께를 다르게 설정할 수 있습니다.

따라하며 익히기

Command : pl   Enter

Specify start point :

임의의 ①번 지점을 찍어줍니다.

Specify next point or [Arc / Halfwidth / Length / Undo / Width]

Width를 선택합니다.

Specify starting width

20   Enter

Specify ending width

20   Enter

Specify next point or [Arc / Halfwidth / Length / Undo / Width]

0도 방향을 잡고 100을 입력하고 Enter를 칩니다.

Specify next point or [Arc / Halfwidth / Length / Undo / Width]

Width를 선택합니다.

Specify starting width

60   Enter

Specify ending width

0   Enter

Specify next point or [Arc / Halfwidth / Length / Undo / Width]

0도 방향을 잡고 50을 입력하고 Enter를 칩니다.

Specify next point or [Arc / Halfwidth / Length / Undo / Width]

Enter를 치고 완료합니다.

SECTION 13

Pedit 폴리선 편집

01 Pedit / pe

```
× Command: PE
  PEDIT
  ⟳▾ PEDIT Select polyline or [Multiple]:
```

[Polyline 편집하는 두 가지 방법]

1 단축키 [**pe**] 입력 후 Enter를 칩니다.

그런 다음 Polyline 또는 Line을 선택하여 편집합니다.

2 **Polyline**을 **더블 클릭**하여 편집합니다.

02 Pedit 편집 옵션

```
× Command: _pedit
  ⟳▾ PEDIT Enter an option [Open Join Width Edit vertex Fit Spline Decurve Ltype gen
  Reverse Undo]:
```

[주로 사용하는 편집 옵션]

1 **Width** : 모든 마디에 동일한 선 두께를 설정할 수 있습니다.

2 **Fit** : 직선 마디를 호 마디로 바꾸어 줍니다.

3 **Decurve** : 호 마디를 직선 마디로 바꾸어 줍니다.

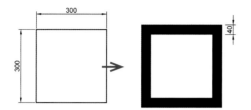

: 300 x 300 Rectangle (폴리라인)의
선 두께를 40으로 조정하시오.

따라하며 익히기

Rectangle을 더블 클릭합니다.

PEDIT Enter an option [Open / Join / Width / Edit vertex / Fit / Spline]

Width를 선택합니다.

PEDIT Specify new width for all segments :

| 40 | Enter |

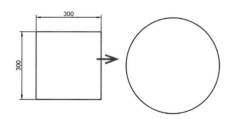

: 300 x 300 Rectangle (폴리라인)의
직선 마디를 호 마디로 바꿔주시오.

따라하며 익히기

Rectangle을 더블 클릭합니다.

PEDIT Enter an option [Open / Join / Width / Edit vertex / Fit / Spline]

Fit을 선택합니다.

Join / Explode 결합과 분해

01 Join / j

```
× Command: j
  JOIN
  ┌─▾ JOIN Select source object or multiple objects to join at once:
```

Join

Joins similar objects to form a single, unbroken object

Combines a series of finite linear and open curved objects at their common endpoints to create a single 2D or 3D object. The type of object that results depends on the types of objects selected, the type of object selected first, and whether the objects are coplanar.

```
─ ─ ─ ─ ─┤─ ─ ─ ─ ─ ─ ─ ┤─ ─ ─ ─
         1              2
```

: 끝점이 만나있는 2개 이상의
 [Line / Polyline / Spline / Arc /
 Elliptical Arc] 등을 결합하여
 단일 Line, Polyline, Spline으로
 만들 수 있습니다.

EX 1

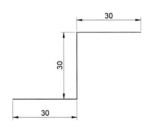

: 길이가 30mm인 선 3개를
 결합하여 Polyline으로 만들겠습니다.

따라하며 익히기

Line 3개를 선택한 후 단축키 [J] 를 입력합니다.

Command : j   Enter

3 objects converted to 1 polyline

EX 2

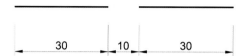

: 같은 각도 선상에 있을 경우
선들이 떨어져 있어도 결합하여
단일 Line으로 만들 수 있습니다.

따라하며 익히기

Line 2개를 선택한 후 단축키 [J]를 입력합니다.

Command : j   Enter

2 lines joined into 1 line

---

02 Explode / x

```
× Command: x
  EXPLODE
  ▤▾ EXPLODE Select objects:
```

Explode
Breaks a compound object into its component objects

Explodes a compound object when you want to modify its components separately. Objects that can be exploded include blocks, polylines, and regions, among others.

: Polyline이나 Block 등을 선택한 뒤
단축키 [X] 을 입력하고 Enter를 치면
개별 객체로 분해할 수 있습니다.

SECTION 15

Polygon 다각형

01 Polygon / pol

```
× Command: *Cancel*
Command: POL
⌂▼ POLYGON POLYGON Enter number of sides <4>:
```

Polygon

Creates an equilateral closed polyline

You can specify the different parameters of the polygon including the number of sides. The difference between the inscribed and circumscribed options is shown.

: 원은 고유 객체이지만 사실상 수많은 변과 꼭지점으로 이루어진 정다각형입니다.

: 24각형 이상이 되면 원처럼 보일 수 있으며 중심점에서 각 꼭지점까지의 거리 값 즉 반지름 값은 동일합니다.

* 내접일 경우에만
중심점에서 꼭지점까지의 거리 값과 반지름 값이 동일합니다.

: 가상의 다각형인 원을 기준으로 중심점에서 꼭지점까지의 거리 값은 내접보다 외접일 경우 더 커지게 됩니다.

[Polygon의 특성]

1 모든 변의 길이와 내각의 크기가 같습니다.

2 정다각형이며 단일 Polyline입니다.

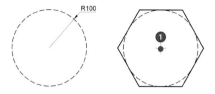

: 원 둘레에 외접하는 정육각형을 생성합니다.

따라하며 익히기

Command : pol   Enter

Enter number of sides

6   Enter

Specify center of polygon or [Edge]

원의 중심점(❶번 지점)을 찍어줍니다.

Enter an option [Inscribed in circle / circumscribed about circle]

circumscribed about circle(외접)을 선택합니다.

Specify radius of circle :

100   Enter

* 정다각형의 중심점을 찍은 뒤
가상의 원의 둘레에 내접(inscribed) 혹은
외접(circumscribed)하는지를 지정하고
반지름 값을 입력하여 생성합니다.

EX 2

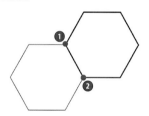

: Polygon 한 변(Edge)의 길이를 입력하여
정육각형을 생성합니다.

따라하며 익히기

따라하며 익히기 예제 파일 / P.75.dwg

Command : pol   Enter

Enter number of sides

6   Enter

Specify center of polygon or [Edge]

Edge를 선택합니다.

Specify first endpoint of edge

❶번 지점을 찍어줍니다.

Specify second endpoint of edge

❷번 지점을 찍어줍니다.

* 모든 변의 길이가 같으므로
한 변의 길이값 만을 입력하여 생성할 수 있습니다.

Ellipse 타원

01 Ellipse / el

```
Command: EL
ELLIPSE
ELLIPSE Specify axis endpoint of ellipse or [Arc Center]:
```

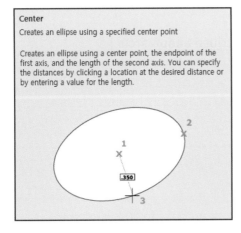

Center

Creates an ellipse using a specified center point

Creates an ellipse using a center point, the endpoint of the first axis, and the length of the second axis. You can specify the distances by clicking a location at the desired distance or by entering a value for the length.

: 타원이므로 반지름이나 지름 값을
  입력하여 생성할 수 없으며
  사분점과 중심점을 지나는 두 축의
  길이값을 입력하여 생성할 수 있습니다.

[두 축의 길이]

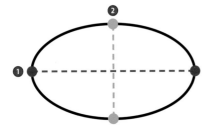

: 타원이므로 두축의 길이는 다릅니다.

❶장축

❷단축

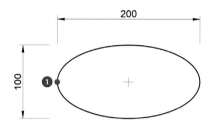

: 첫 번째 축의 길이는 전체 길이값을 입력하고
두 번째 축의 길이는 한쪽 방향으로
축 길이의 1/2만 입력합니다.

따라하며 익히기

Command : el　Enter

Specify axis endpoint of ellipse or [Arc / Center]

임의의 ❶번 지점을 찍어줍니다.

Specify other endpoint of axis :

0도로 Tracking 하고 200 입력　Enter

Specify distance to other axis or [Rotation]

90도 혹은 270도로 Tracking 하고 50 입력　Enter

EX 2

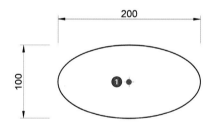

: 타원의 중심점을 먼저 지정하고
장축, 단축 모두 축 길이의 1/2을 입력하여
타원을 생성합니다.

따라하며 익히기

Command : el　Enter

Specify axis endpoint of ellipse or [Arc / Center]

Center를 선택하고 임의의 ❶번 지점을 찍어줍니다.

Specify endpoint of axis :

0도 혹은 180도로 Tracking 하고 100 입력　Enter

Specify distance to other axis or [Rotation]

90도 혹은 270도로 Tracking 하고 50 입력　Enter

Move / Copy 이동 / 복사

01 Move / m

```
Command: m
MOVE
MOVE Select objects:
```

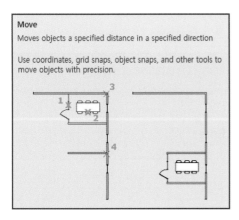

Move

Moves objects a specified distance in a specified direction

Use coordinates, grid snaps, object snaps, and other tools to move objects with precision.

: 이동할 객체들을 먼저 선택한 뒤
단축키 [m]을 입력합니다.

: 기준점(Base point)을 잡아서
이동할 지점(Second point)으로
옮겨 놓습니다.

EX

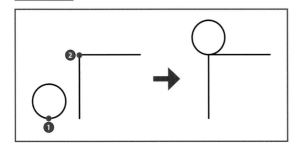

❶ Base point (Quad point / 사분점)

❷ Second point (End point / 끝점)

[Move / Copy 방법]

1 Object snap 기능을 활용하여
원하는 스냅 지점으로 이동하거나 복사할 수 있습니다.

2 Tracking 기능을 활용하여
일정한 각도 방향을 잡고 거리 값을 입력하여 이동하거나 복사할 수 있습니다.

02 Copy / co

Copy

Copies objects a specified distance in a specified direction

With the COPYMODE system variable, you can control whether multiple copies are created automatically.

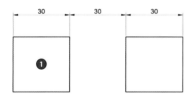

: 복사할 객체들을 먼저 선택한 뒤
  단축키 [co]를 입력합니다.

: 기준점(Base point)을 잡아서
  복사할 지점(Second point)으로
  옮겨 놓습니다.

EX

: ❶번 객체를 선택하여 0도 방향으로
  30mm 떨어진 위치로 복사합니다.

따라하며 익히기

---

❶번 객체를 선택한 뒤 단축키 [co] 입력하고 Enter를 칩니다.

Specify base point or [Displacement / mode]

임의의 지점이나 객체의 일정한 스냅 지점을 찍어줍니다.

Specify second point or [Array]

0도로 Tracking 하고 60 입력하고 Enter를 칩니다.

Specify second point or [Array / Exit / Undo] < Exit >

Enter를 치고 완료합니다.

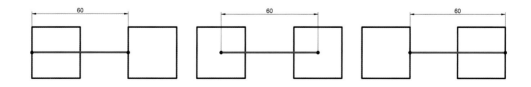

SECTION 18

Offset 평행 복사

01 Offset / o

```
OFFSET
Current settings: Erase source=No  Layer=Source  OFFSETGAPTYPE=0
OFFSET Specify offset distance or [Through Erase Layer] <Through>:
```

Offset

Creates concentric circles, parallel lines, and parallel curves

You can offset an object at a specified distance or through a point. After you offset objects, you can trim and extend them as an efficient method to create drawings containing many parallel lines and curves.

: 평행 간격 값(Offset distance)을 입력하여
  동심원, 평행선, 평행곡선을
  생성할 수 있습니다.

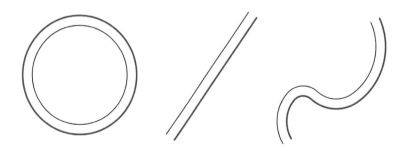

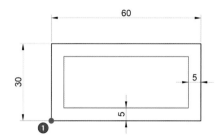

: Rectangle을 생성한 뒤
offset distance 값을 입력하여
안쪽으로 평행 복사합니다.

따라하며 익히기

Command : rec 　　Enter

Specify first corner point or [C / E / F / T / W]

임의의 ❶번 지점을 찍어줍니다.

Specify other corner point or [Area / Dimension / Rotation]

@ 60, 30 　　Enter 　　* 동적 입력(Dynamic input) 사용시 @는 생략해도 됩니다.

Command : o 　　Enter

Specify offset distance or [Through / Erase / Layer]

5 　　Enter

Select object to offset or [Exit / Undo]

Rectangle을 찍어서 선택합니다.

Specify point on side to offset or [Exit / Multiple / Undo]

Rectangle 안쪽을 찍어줍니다.

Enter를 치고 완료합니다.

Offset 평행 복사

02 Through / 연속하여 다른 평행 간격 값 사용하기

EX

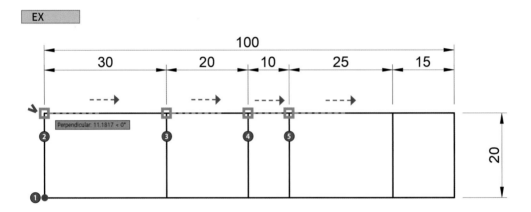

따라하며 익히기

Command : rec | Enter

Specify first corner point or [C / E / F / T / W]

임의의 ❶번 지점을 찍어줍니다.

Specify other corner point or [Area / Dimension / Rotation]

@ 100, 20 | Enter   * 동적 입력(Dynamic input) 사용시 @는 생략해도 됩니다.

작성된 Rectangle을 선택합니다.

Command : x | Enter

Rectangle이 분해 되었습니다.

Command : o   Enter

Specify offset distance or [Through / Erase / Layer]

Through를 선택합니다.

Select object to offset or [Exit / Undo]

❷번 선을 선택합니다.

Specify through point or [Exit / Multiply / Undo]

❷번 선 위쪽 끝점에 스냅이 잡히면 0도로 Tracking을 잡고 30 입력   Enter

Select object to offset or [Exit / Undo]

❸번 선을 선택합니다.

Specify through point or [Exit / Multiply / Undo]

❸번 선 위쪽 끝점에 스냅이 잡히면 0도로 Tracking을 잡고 20 입력   Enter

Select object to offset or [Exit / Undo]

❹번 선을 선택합니다.

Specify through point or [Exit / Multiply / Undo]

❹번 선 위쪽 끝점에 스냅이 잡히면 0도로 Tracking을 잡고 10 입력   Enter

Select object to offset or [Exit / Undo]

❺번 선을 선택합니다.

Specify through point or [Exit / Multiply / Undo]

❺번 선 위쪽 끝점에 스냅이 잡히면 0도로 Tracking을 잡고 25 입력   Enter

Select object to offset or [Exit / Undo]

Enter를 치고 완료합니다.

* Through 옵션을 활용하여 연속 평행 복사를 할 때에는 Osnaptracking 기능을 활용하며 방향을 잡고
   Tracking 할 때에 Perpendicular(수직) 스냅을 잡아줍니다.

Trim / Extend   자르기 / 연장하기

01   Trim / tr

```
Current settings: Projection=UCS, Edge=None, Mode=Quick
Select object to trim or shift-select to extend or
TRIM [cuTting edges Crossing mOde Project eRase]:
```

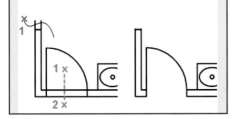

Trim

Trims objects to meet the edges of other objects

To trim objects, select the objects to be trimmed individually, press and drag to start a freehand selection path, or pick two empty locations to specify a crossing Fence. All objects automatically act as cutting edges. Selected objects that can't be trimmed are deleted instead.

: 자르기 경계(Cutting Edges) 영역 및 객체들을
  먼저 선택한 뒤에 Trim 하거나
  따로 선택 없이도 Trim 할 수 있습니다.

: Cutting edges 영역을 먼저 선택하고
  Trim할 때에는 선택되지 않은
  다른 객체들의 간섭 없이 Trim이 가능합니다.

[**Trim mode 2가지**]

1 **Quick** : 자유선택 경로
        (Freehand selection path)
        방식으로 자유롭게 선을 긋듯이
        찍고 드래그하여 Trim 합니다.

        자르기 영역을 가로지르는
        (Crossing Fence) 클릭 앤 클릭
        방식으로, 찍고 찍어서 Trim 합니다.

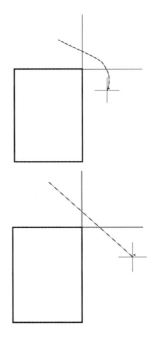

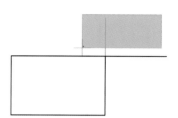

2 **Standard** : Crossing window

　　　　　　방식으로 영역을 선택하거나

　　　　　　개별적으로 찍어서 Trim 합니다.

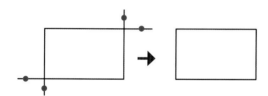

Quick / Standard 모드의 차이점

Quick 모드는 Standard 모드와 다르게

Trim 경계 영역과 전혀 상관이 없는 객체들도 Trim 하여 제거할 수 있습니다.

EX

: 불필요한 가장 자리를

[**Quick mode**]로 Trim 합니다.

따라하며 익히기

따라하며 익히기 예제 파일 / P.85.dwg

Command : tr　Enter

Select object to trim or shift - select to extend

가장자리 불필요한 부분을 찍어서 선택하거나, [찍고 드래그]하여

[Freehand Selection path]방식으로 선을 긋듯이 Trim 합니다.

Trim / Extend 자르기 / 연장하기

02 Extend / ex

```
Current settings: Projection=UCS, Edge=None, Mode=Quick
Select object to extend or shift-select to trim or
EXTEND [Boundary edges Crossing mOde Project]:
```

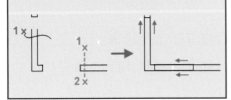

Extend

Extends objects to meet the edges of other objects

To extend objects, select the objects to be extended individually, press and drag to start a freehand selection path, or pick two empty locations to specify a crossing Fence. All objects automatically act as boundary edges.

: 연장해서 만나게 될 선 또는 객체

(Boundary Edges)들을 먼저 선택한 뒤에

Extend 하거나

선택 없이도 Extend 할 수 있습니다.

[Boundary Edges]

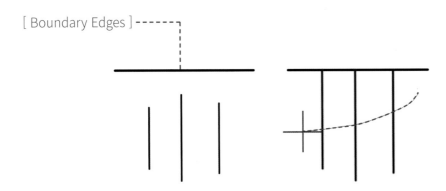

EX

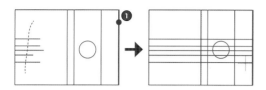

: 선택 된 [Boundary Edges]로만
연장이 됩니다.

따라하며 익히기

따라하며 익히기 예제 파일 / P.87.dwg

❶번 객체를 선택합니다.

| Command : ex | Enter |

select object to extend or shift-select to trim or

연장하고자 하는 부분을 찍어서 선택하거나, 찍고 드래그하여
[Freehand Selection path] 방식으로 선을 긋듯이 선택하여 Extend 합니다.

EX

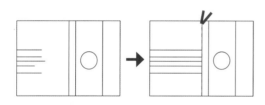

: [Boundary Edges]를 먼저 선택하지 않고
바로 Extend할 경우에는
작업 공간 안에 있는 모든 객체들이
서로 [Boundary Edges] 가 되므로
간섭이 발생합니다.

Trim / Extend 스위칭

Trim 하거나 **Extend** 할 때에 [**Shift**]를 누르고 객체를 선택하게 되면
서로 기능을 바꿔서 사용할 수 있습니다.

AUTOCAD

EXAMPLE-A

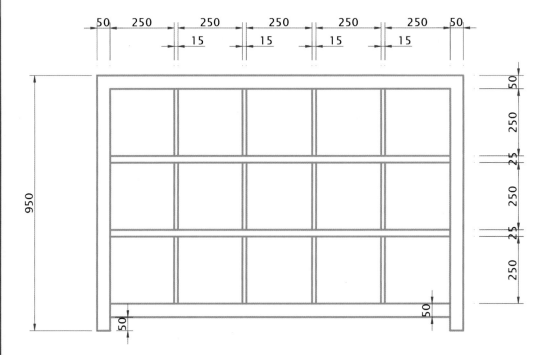

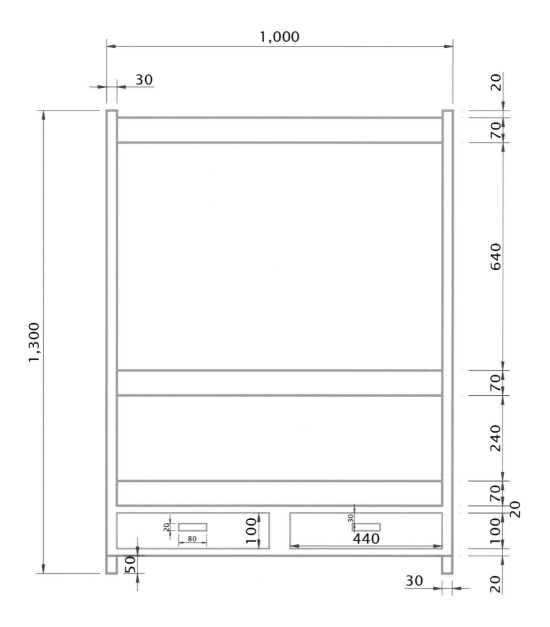

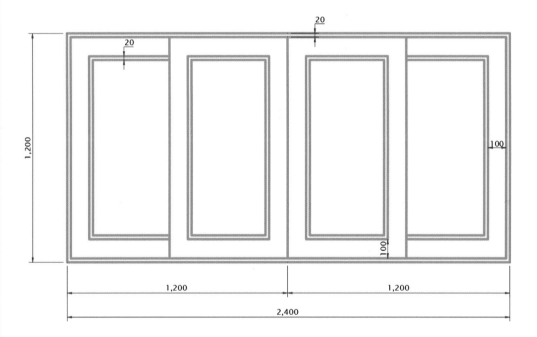

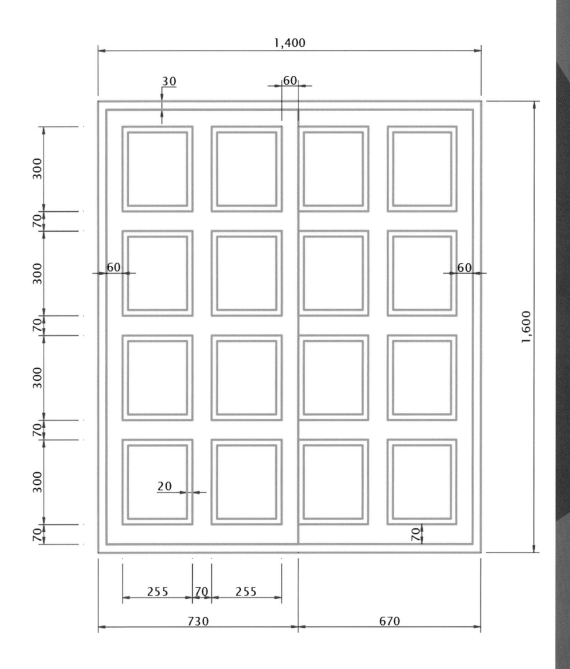

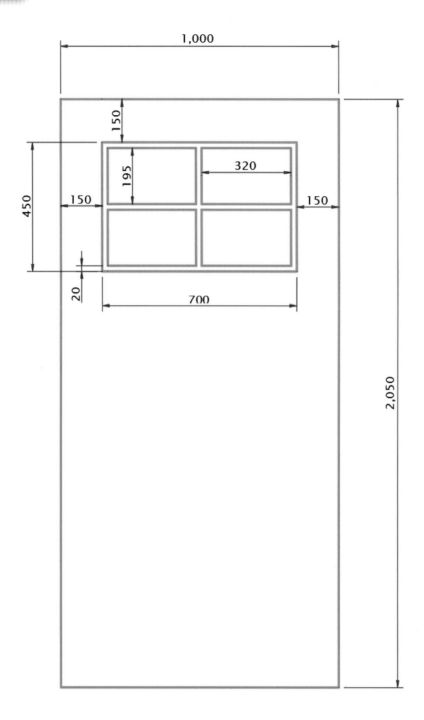

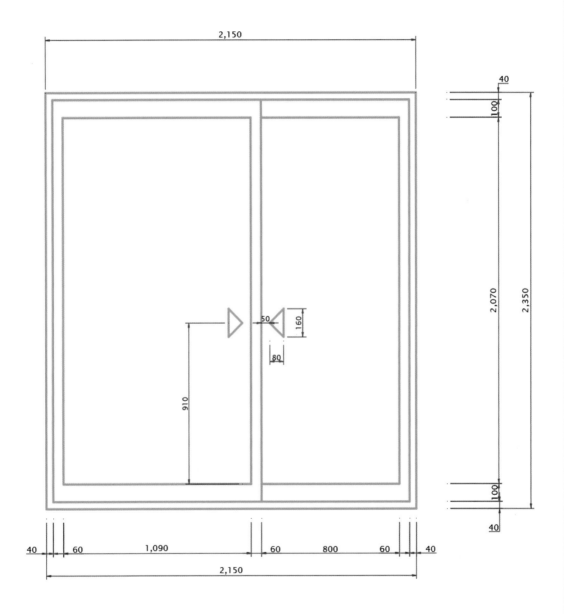

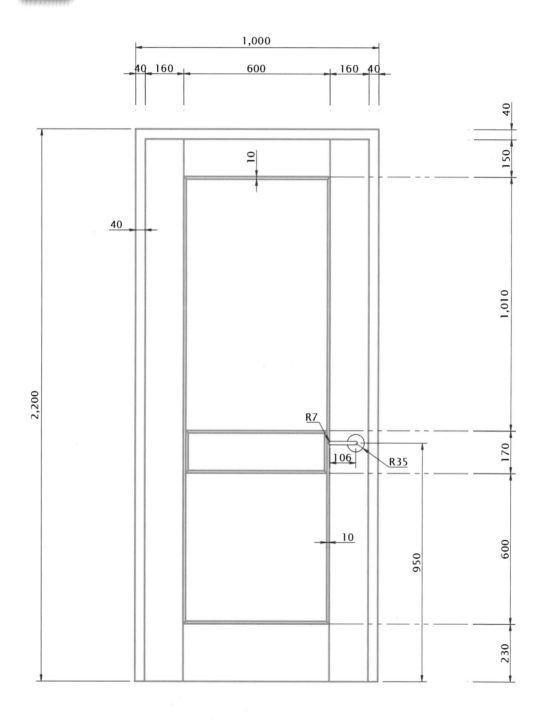

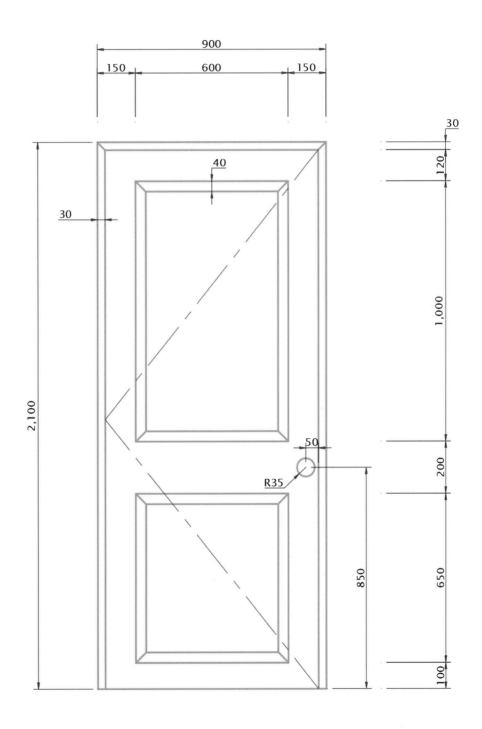

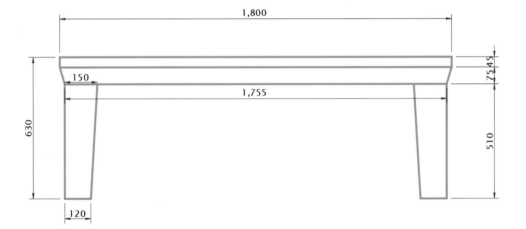

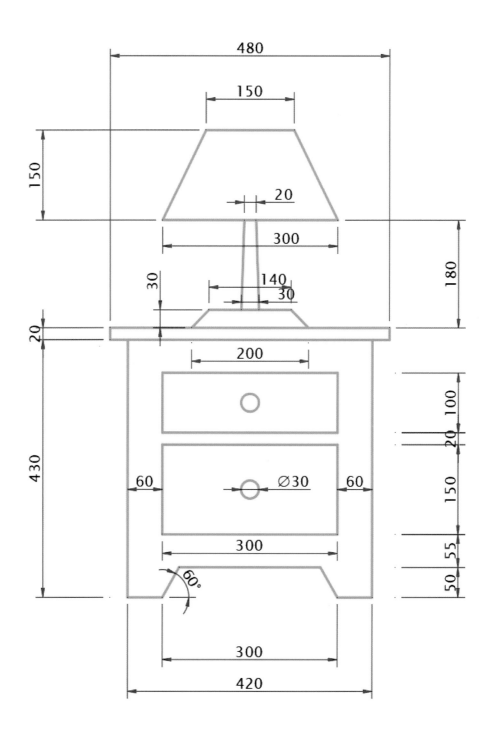

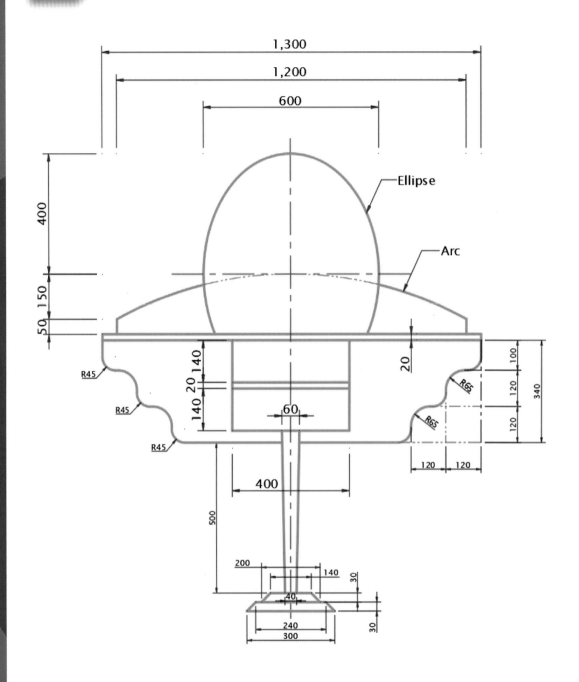

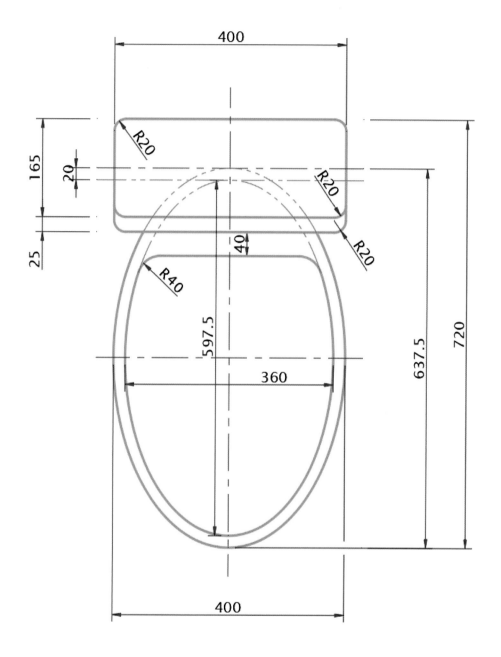

SECTION 20

Mirror   대칭 이동 / 대칭 복사

01   Mirror / mi

```
Command:
Command: _mirror 1 found
MIRROR Specify first point of mirror line:
```

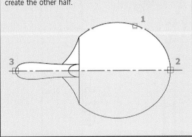

Mirror

Creates a mirrored copy of selected objects

You can create objects that represent half of a drawing, select them, and mirror them across a specified line to create the other half.

: 대칭 복사할 객체들을 먼저 선택한 뒤
  단축키 [**mi**]를 입력합니다.

: 포인트 두 지점을 찍어서
  대칭선(Mirror line)을 지정해 줍니다.

대칭 이동

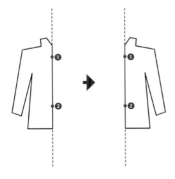

대칭 복사

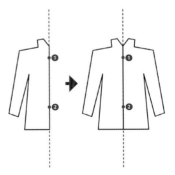

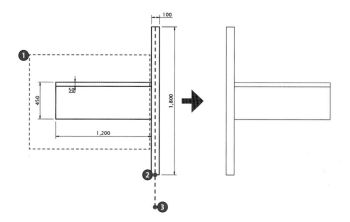

: 대칭 이동해 보겠습니다.

따라하며 익히기

따라하며 익히기 예제 파일 / P.103.dwg

❶번 책상 영역을 드래그 선택합니다.

Command : mi   Enter

Specify first point of mirror line :

❷번 포인트 지점을 찍어줍니다.

Specify second point of mirror line :

임의의 ❸번 포인트 지점을 찍어줍니다.   * 축 위치만 정확하다면 길이는 상관이 없음.

Erase source object? [Yes / No] < No >

yes를 선택합니다.

대칭 이동 / 대칭 복사

대칭선 지정 후 -> Erase source object ? [Yes / No] < No >

대칭 복사일 경우 < No > 이므로 Enter or Space bar

대칭 이동일 경우 [Yes / No] 에서 Yes를 선택합니다.

* <   > 안의 옵션이나 수치값을 사용할때는 Enter or Space bar *

Fillet 모깍기

01 Fillet / f

```
::::::  FILLET
×   Current settings: Mode = TRIM, Radius = 0.0000
    ┌▾ FILLET Select first object or [Undo Polyline Radius Trim Multiple]:
```

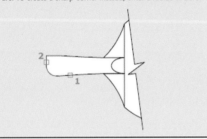

Fillet

Rounds and fillets the edges of objects

In the example, an arc is created that is tangent to both of
the selected lines. The lines are trimmed to the ends of the
arc. To create a sharp corner instead, enter a radius of zero.

: 0도를 초과하는 각도로

두 객체가 만나는 지점에 지정한 반지름 값의 Arc를

양쪽 두 객체에 Tangent로 접하도록 삽입한 뒤

불필요한 직선 부분은 Trim 제거하여

모깍기를 할 수 있습니다.

* [**Tangent**] 설명 55p 참고

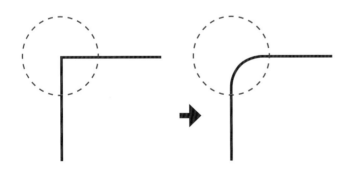

: Arc의 반지름(Radius)

값을 입력하여 Fillet 합니다.

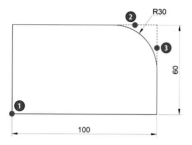

: Rectangle을 생성한 뒤

Fillet radius 값을 입력하여

우측 상단 모서리를 Fillet 합니다.

따라하며 익히기

Command : rec   Enter

Specify first corner point or [C / E / F / T / W]

임의의 ❶번 지점을 찍어줍니다.

Specify other corner point or [Area / Dimension / Rotation]

@ 100, 60   Enter   * 동적 입력(Dynamic input) 사용시 @는 생략해도 됩니다.

Command : f   Enter

Select first object or [Undo / Polyline / Radius / Trim / Multiple]

Radius를 선택합니다.

Specify fillet radius

30   Enter

Select first object or [Undo / Polyline / Radius / Trim / Multiple]

❷번을 찍어줍니다.

Select second object or shift-select to apply corner or [Radius]

❸번을 찍어줍니다.

Fillet 모깍기

02 모서리 직선으로 정리

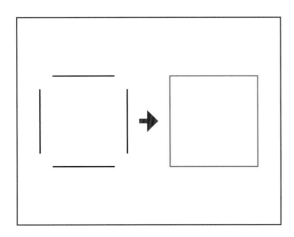

: Extend와 Trim 툴로
모서리 정리가 불가능할 경우
Fillet 툴을 사용하여
선과 선이 만나는 모서리 부분을
정리할 수 있습니다.

[corner를 직선으로 처리하기]

1 Fillet Radius 값이 0이고 Trim 기능이 켜져있을때
직선으로 만나도록 처리되며 자동 Trim 됩니다.

2 Fillet Radius 값이나 Trim 유무와 상관없이
두 번째 선 선택 시 [Shift] 누르고 선택하면
두 선이 만나는 모서리는 직선이 되고 Trim도 자동으로 됩니다.

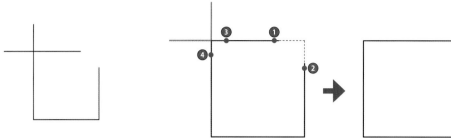

* 선으로 비슷하게 그려주세요.

따라하며 익히기

Command : f Enter

Select first object or [Undo / Polyline / Radius / Trim / Multiple]

Radius를 선택합니다.

Specify fillet radius

0 Enter

Select first object or [Undo / Polyline / Radius / Trim / Multiple]

❶번을 찍어줍니다.

Select second object or shift-select to apply corner or [Radius]

❷번을 찍어줍니다.

* 이전 명령어 반복(Repeat Command) Enter

Select first object or [Undo / Polyline / Radius / Trim / Multiple]

❸번을 찍어줍니다.

Select second object or shift-select to apply corner or [Radius]

❹번을 찍어줍니다.

Chamfer 모따기

01 Chamfer / cha

```
Command: _chamfer
(TRIM mode) Current chamfer Dist1 = 0.0000, Dist2 = 0.0000
CHAMFER Select first line or [Undo Polyline Distance Angle Trim mEthod Multiple]:
```

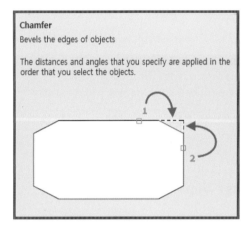

Chamfer

Bevels the edges of objects

The distances and angles that you specify are applied in the order that you select the objects.

: 모서리 끝에서 양쪽 안으로 들어가는
Dist 1, Dist 2 값을 입력하여
일정한 각도로 모서리를 자릅니다.

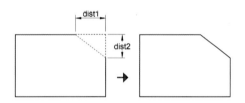

EX

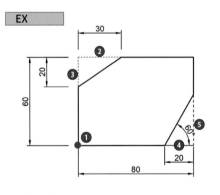

: Rectangle을 생성한 뒤
Chamfer Distance와 Angle 값을 입력하여
Chamfer(모따기) 합니다.

따라하며 익히기

Command : rec   Enter

Specify first corner point or [C / E / F / T / W]

임의의 ❶번 지점을 찍어줍니다.

Specify other corner point or [Area / Dimension / Rotation]

| @ 80, 60 | Enter |

* 동적 입력(Dynamic input) 사용 시 @는 생략해도 됩니다.

| Command : cha | Enter |

Select first line or [Undo / Polyline / Distance / Angle / Trim / Multiple]

Distance를 선택합니다.

Specify first chamfer distance

| 30 | Enter |

Specify second chamfer distance

| 20 | Enter |

Select first line or [Undo / Polyline / Distance / Angle / Trim / Multiple]

❷번을 찍어줍니다.

Select Second line or shift-select to apply corner

❸번을 찍어줍니다.

| * 이전 명령어 반복 (Repeat Command) | Enter |

Select first line or [Undo / Polyline / Distance / Angle / Trim / Multiple]

Angle을 선택합니다.

Specify chamfer length on the first line

| 20 | Enter |

Specifty chamfer angle from the first line

| 60 | Enter |

Select first line or [Undo / Polyline / Distance / Angle / Trim / Multiple]

❹번을 찍어줍니다.

Select Second line or shift-select to apply corner

❺번을 찍어줍니다.

AUTOCAD

EXAMPLE-B

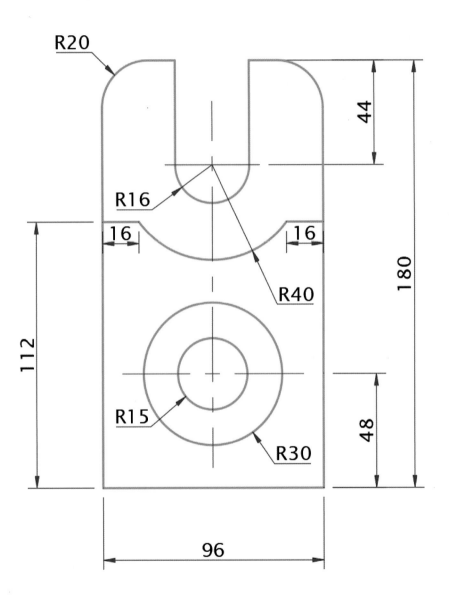

R20
R16
16
16
R40
180
112
R15
R30
48
96

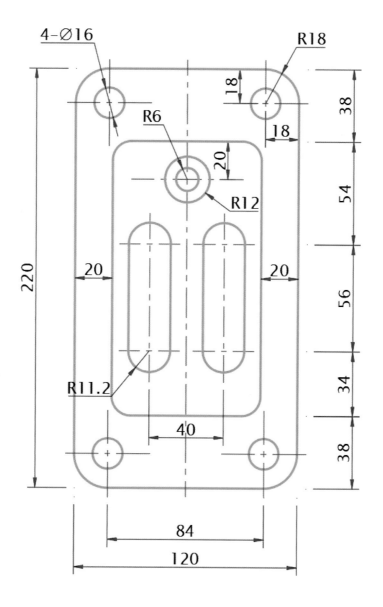

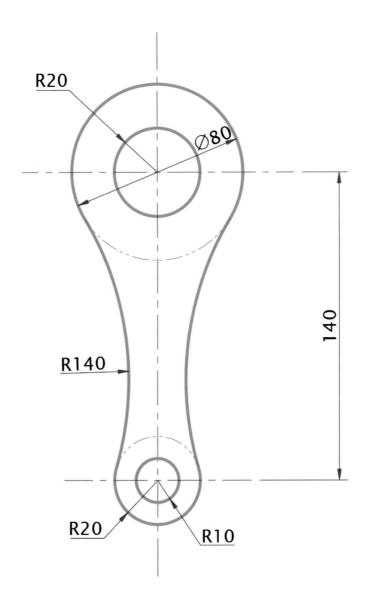

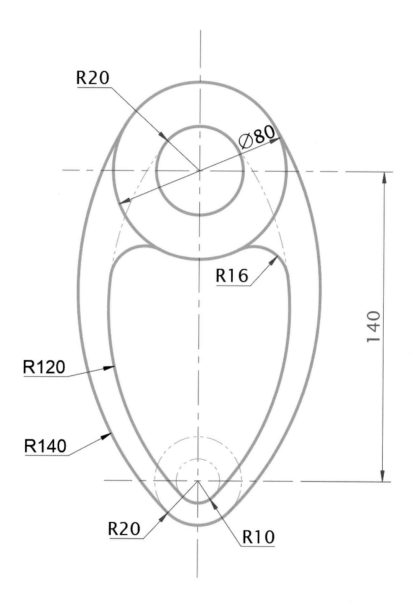

R20

⌀80

R16

R120

R140

140

R20

R10

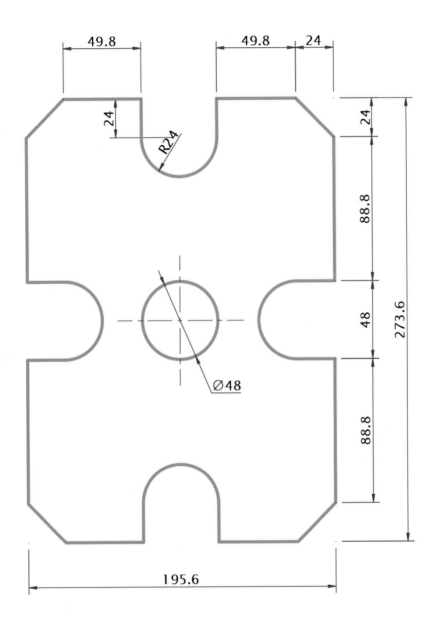

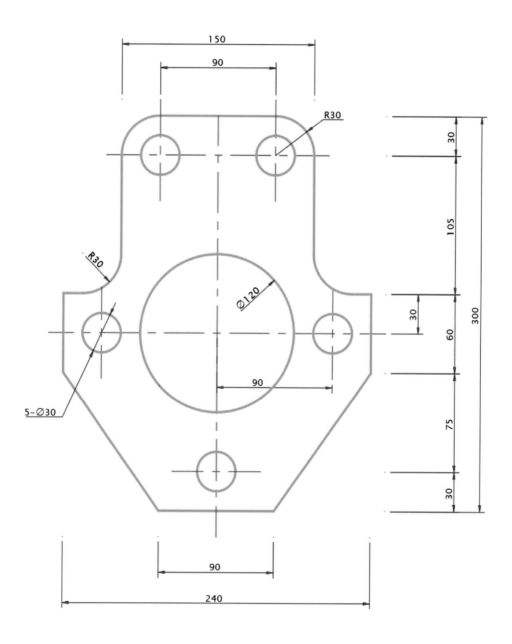

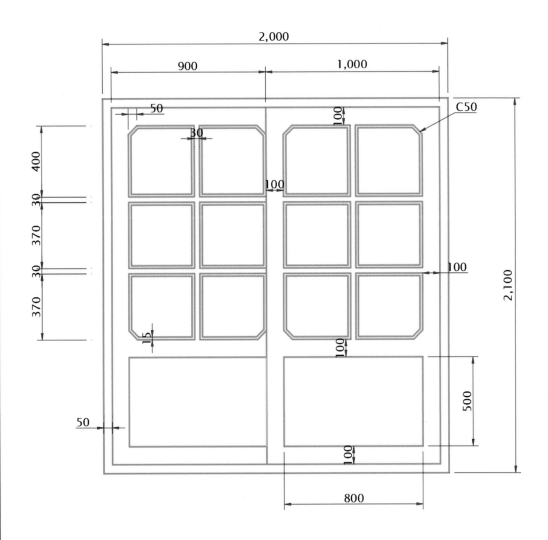

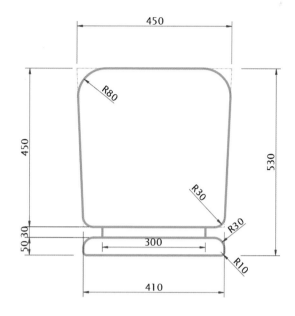

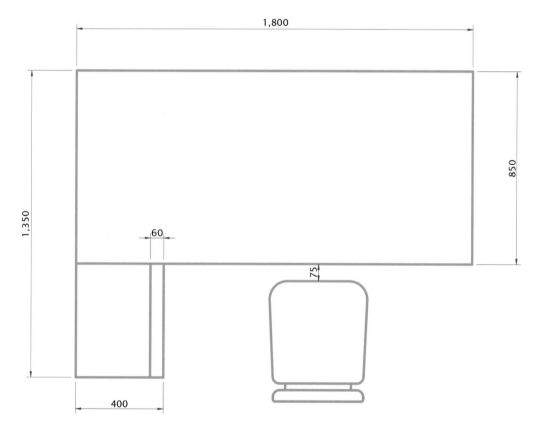

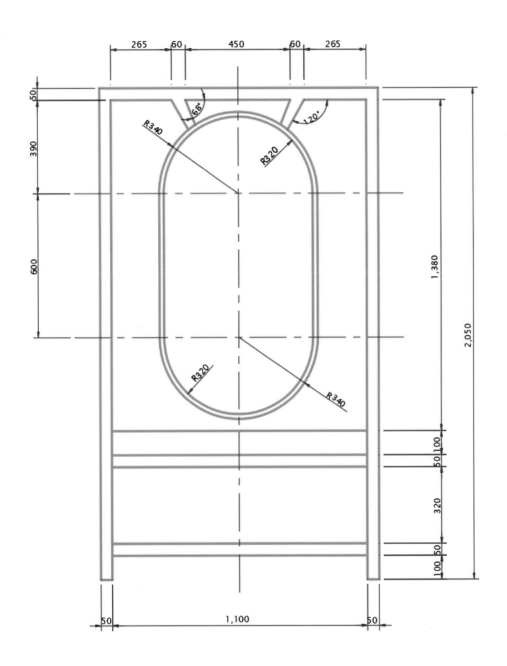

265　60　　450　　60　265

50

390

600

R3 40

68°

R3 20

120°

R3 20

R3 20

R3 40

1,380

2,050

50 100

320

100 50

50　　　1,100　　　50

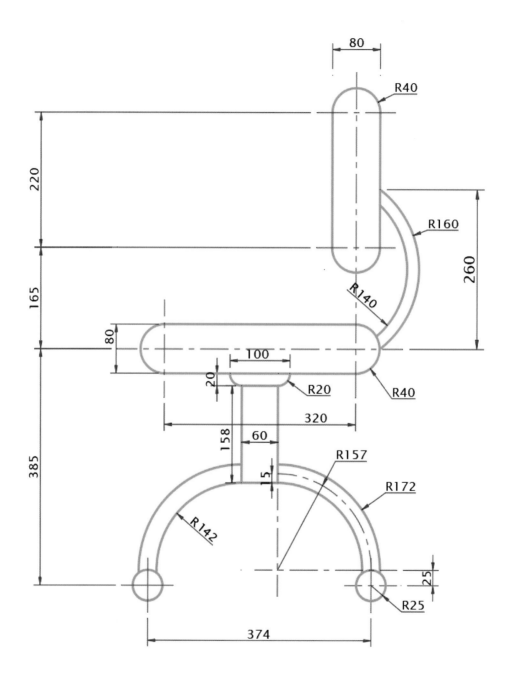

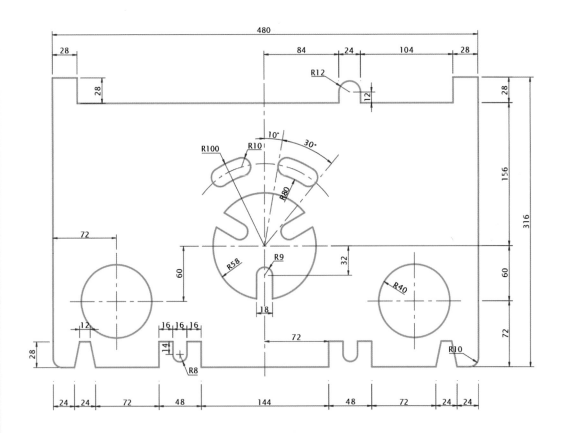

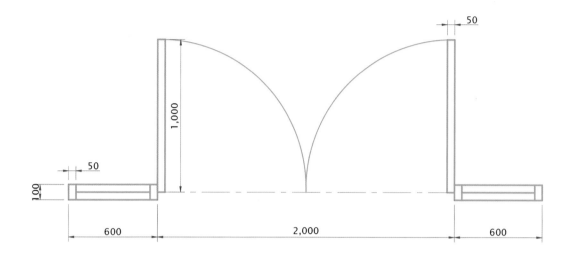

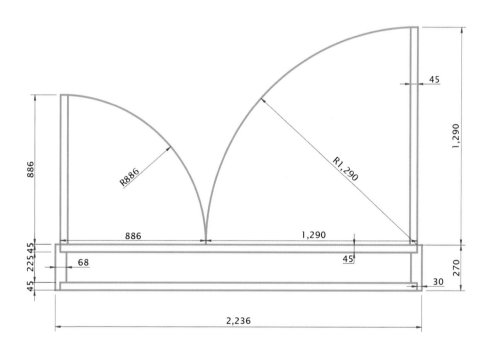

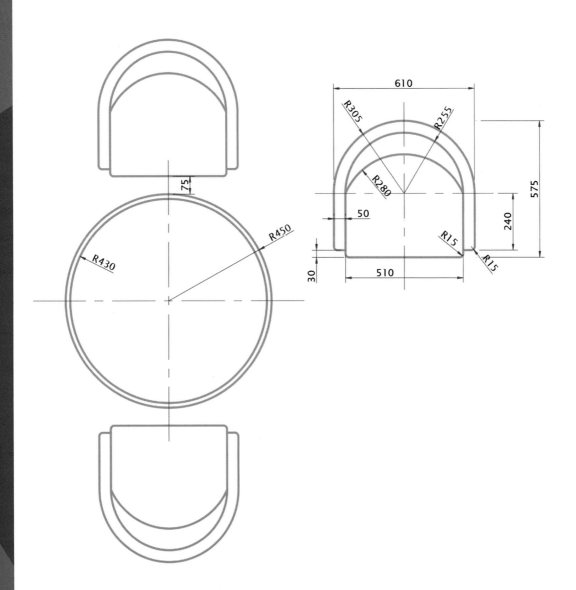

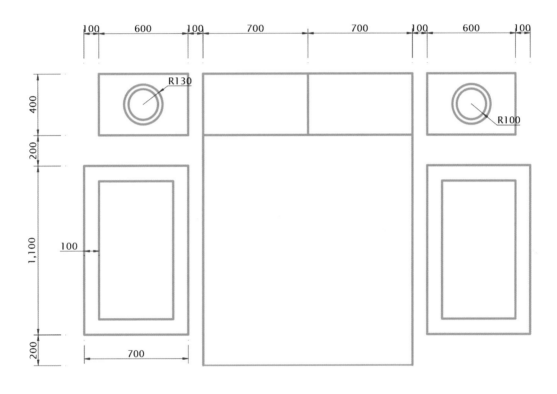

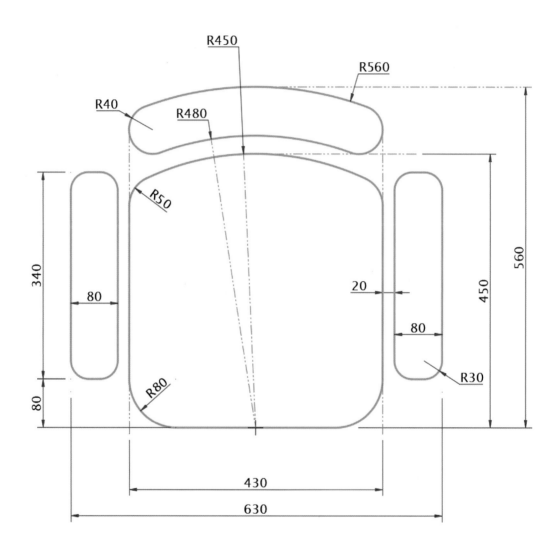

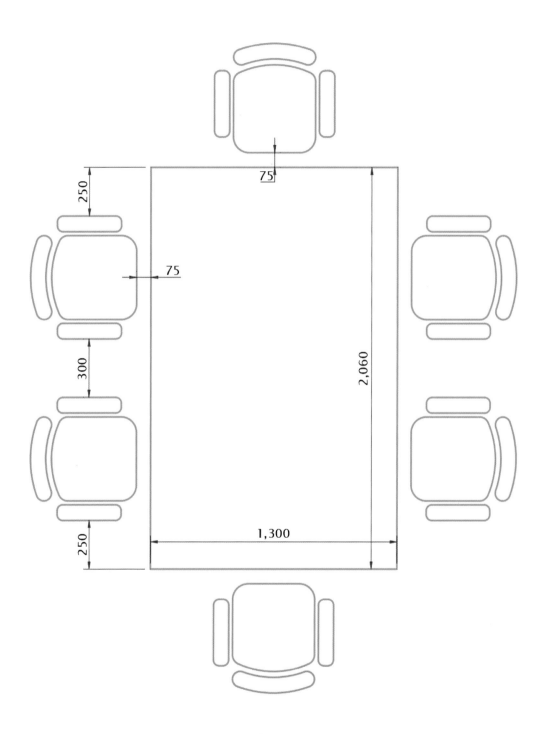

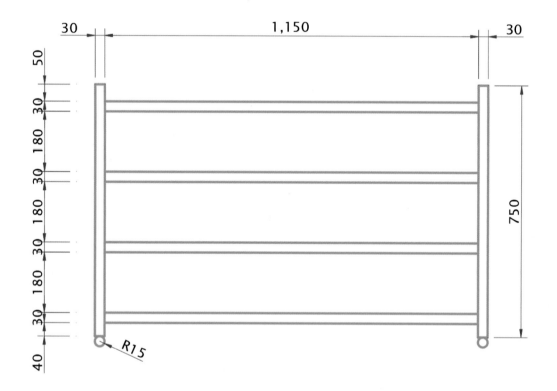

30   1,150   30

50
30
180
30
180
30
180
30
40

R15

750

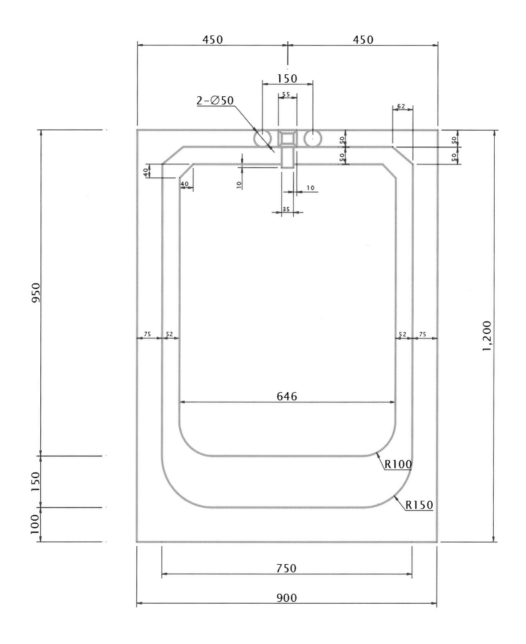

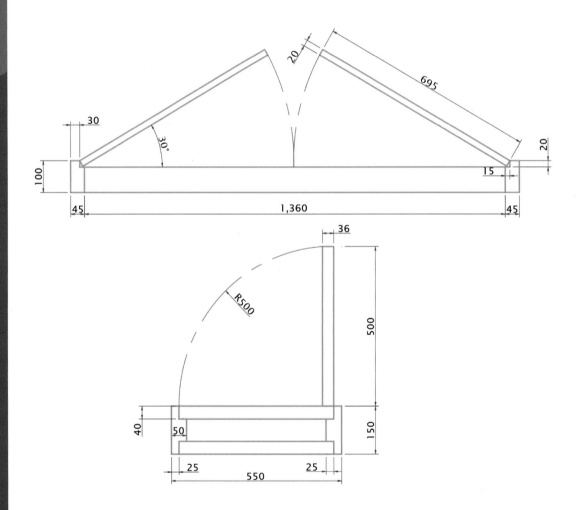

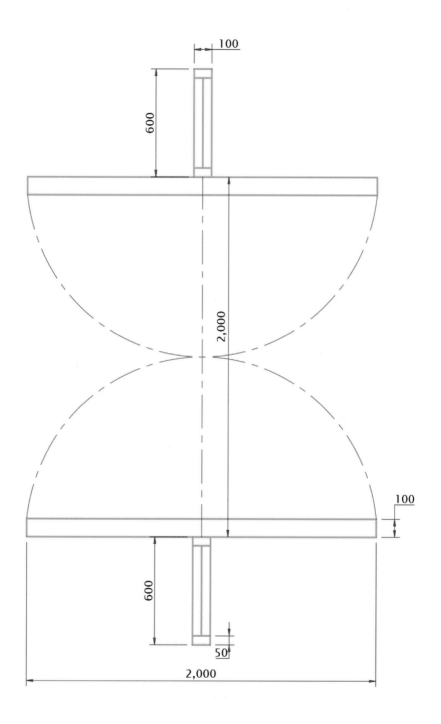

Array 복사 배열

01 Array / ar

```
Command: AR
ARRAY 1 found
ARRAY Enter array type [Rectangular PAth POlar] <Polar>:
```

Rectangular Array

Distributes object copies into any combination of rows, columns, and levels.

Creates an array of rows and columns of copies of the selected object.

: Array 기능을 활용하여 신속하게 다중 복사 배열을 할 수 있습니다.

02 Array 타입

따라하며 익히기

1 **Rectangular Array** : 행(row)과 열(column) 간격을 조정하여 복사 배열합니다.

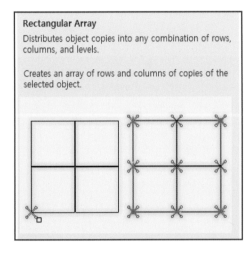

Rectangle 50x30을 작도하고 선택합니다.

Command : ar   Enter

Array Enter array type [Rectangular / PAth / POlar]

Rectangular를 선택합니다.   →   * 미리보기가 나타납니다.

* Rectangle을 선택하면
  리본 메뉴 -> Array Creation 탭 패널에서 직접 수치를 입력할 수도 있습니다.

Array Select grip to edit Array or [ASsociative / Base point / COUnt ...

❶번 화살표를 Grip하여 오른쪽 0도 방향으로 잡아당기면서

Sepcify distance between columns :

100   Enter

Array Select grip to edit Array or [ASsociative / Base point / COUnt ...

❷번 화살표를 Grip하여 위쪽 90도 방향으로 잡아당기면서

Sepcify distance between rows :

60   Enter

Array Select grip to edit Array or [ASsociative / Base point / COUnt ...

❸번 화살표를 Grip하여 위쪽 90도 방향으로 잡아당기면서

Sepcify number of rows :

4행이 되도록 찍어줍니다.

Array Select grip to edit Array or [ASsociative / Base point / COUnt ...

< Exit > Enter를 쳐서 완료합니다.

Array 복사 배열

따라하며 익히기

따라하며 익히기 예제 파일 / P.134.dwg

2 **Polar Array :** 회전 중심점을 지정하고 Fill / Between 각도 값과 복사
개수를 입력하여 복사 배열합니다.

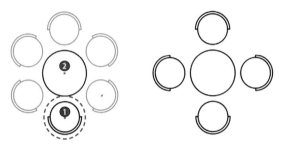

❶번 객체를 선택합니다.

Command : ar   Enter

Array Enter array type [Rectangular / PAth / POlar]

Polar을 선택합니다.

Specify center point of array of [Base point / Axis of rotation]

❷번 center point를 찍어줍니다.

Array Select grip to edit Array or [ASsociative / Base point / Items / ...

리본 메뉴에서 ❸번 items 값에 4를 입력하고 Enter를 칩니다.

Array Select grip to edit Array or [ASsociative / Base point / Items / ...

< Exit > Enter를 쳐서 < Exit >를 실행합니다.

3 **Path Array** : 선택한 경로(Path curve)를 따라 지정한 간격으로
복사 배열합니다.

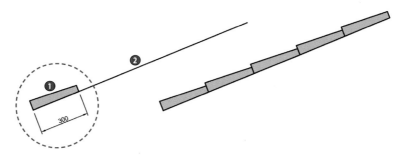

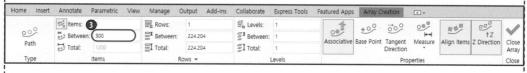

❶번 객체를 선택합니다.

Command : ar | Enter

Array Enter array type [Rectangular / PAth / POlar]

Path를 선택합니다.

Array Select path curve :

❷번 객체를 선택합니다.

Array Select grip to edit Array or [ASsociative / Method / Base point / ...

리본 메뉴에서 ❸번 Between 값에 300을 입력하고 Enter를 칩니다.

Array Select grip to edit Array or [ASsociative / Method / Base point / ...

< Exit > Enter를 쳐서 < Exit >를 실행합니다.

AUTOCAD

EXAMPLE-C

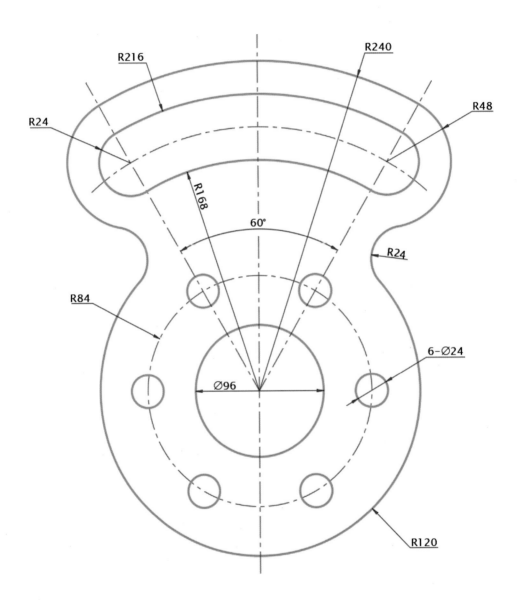

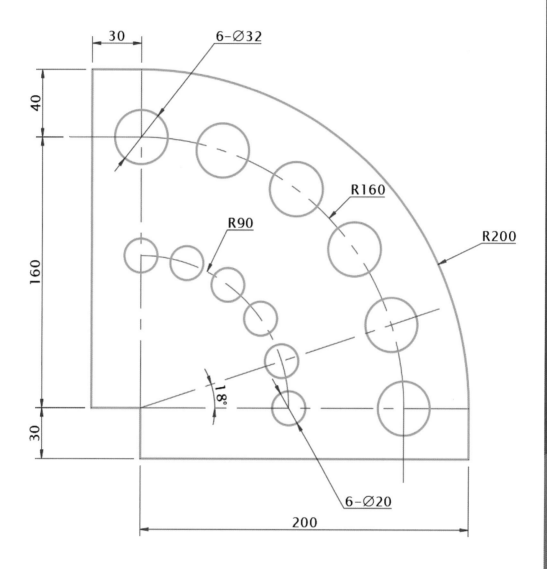

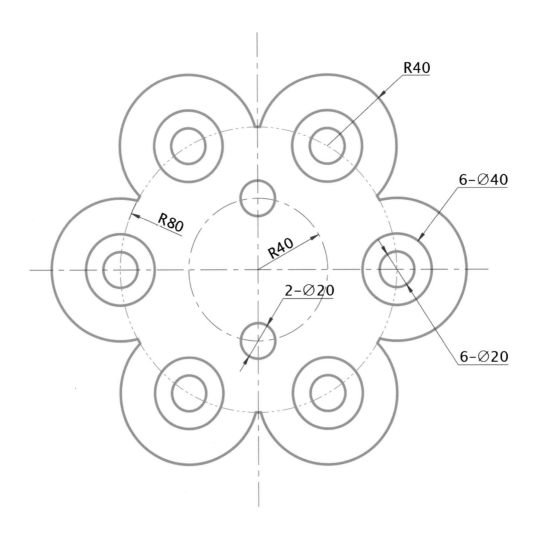

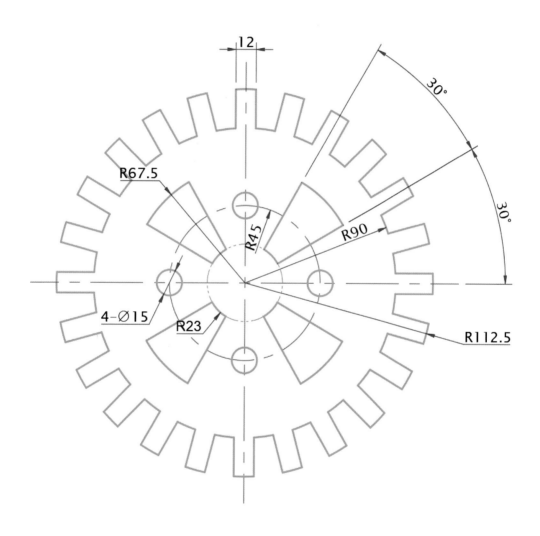

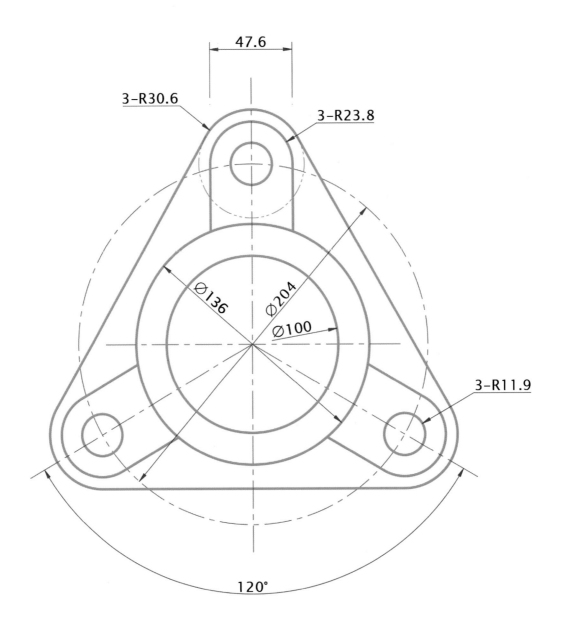

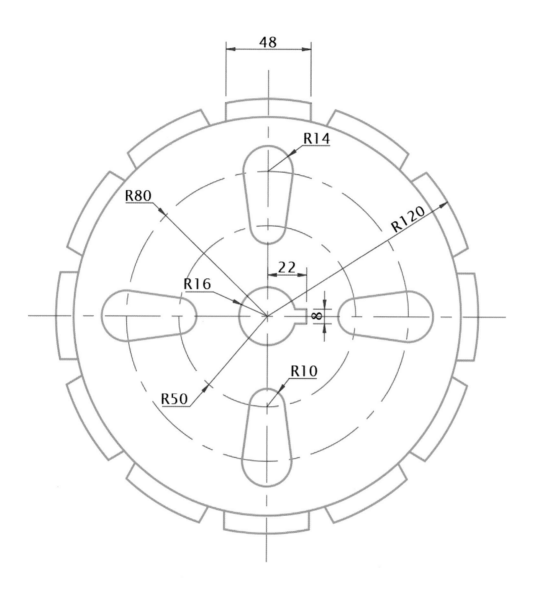

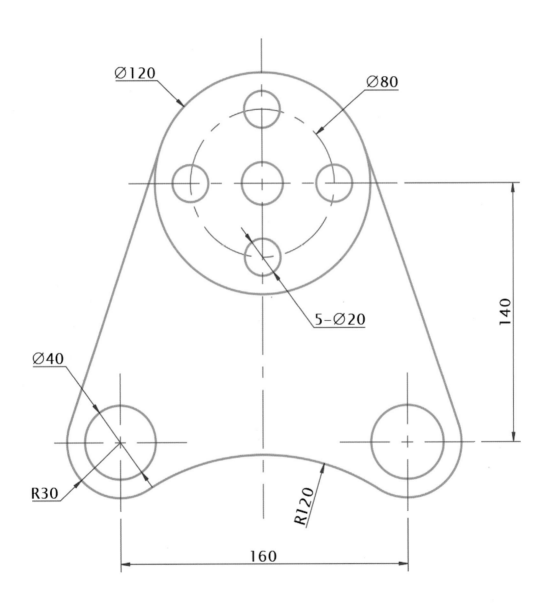

Ø120
Ø80
5-Ø20
Ø40
R30
R120
140
160

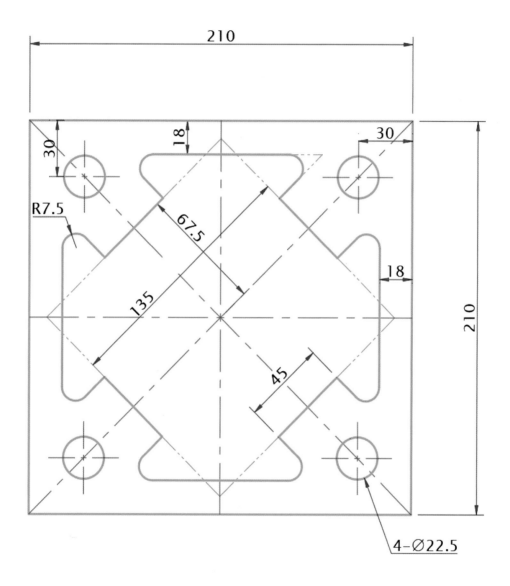

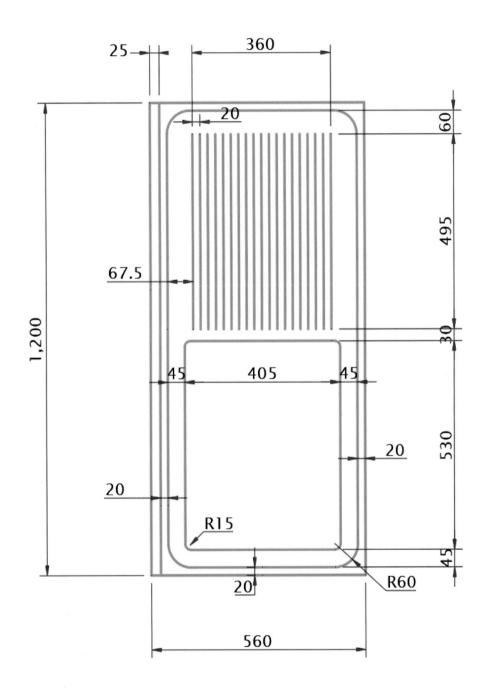

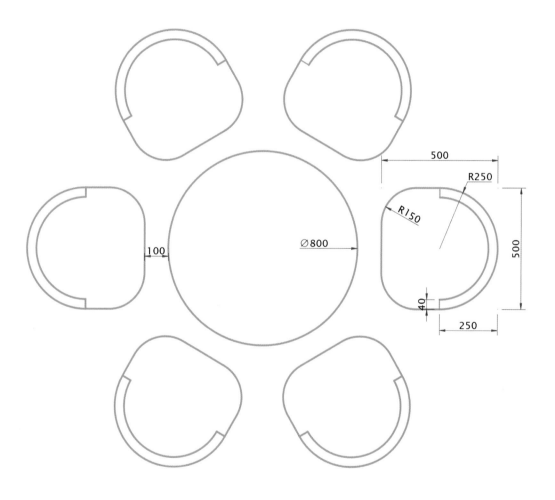

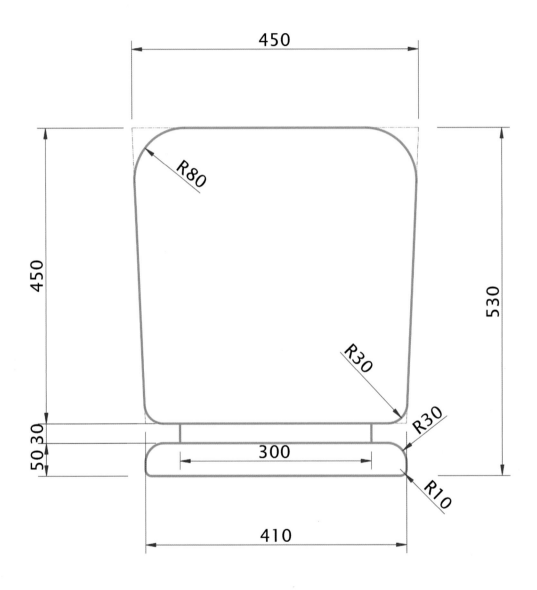

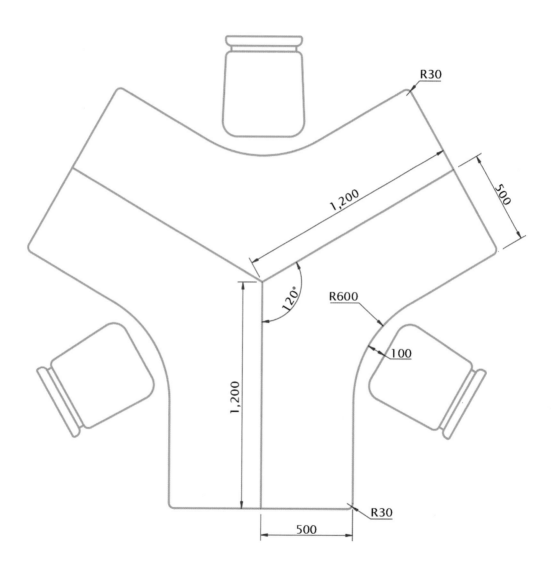

R30

1,200

500

120°

R600

100

1,200

500

R30

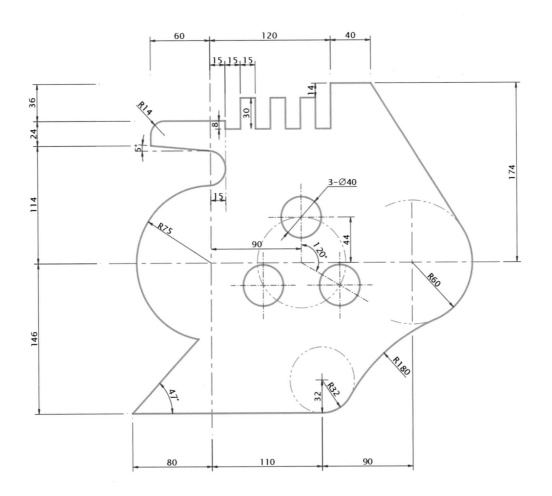

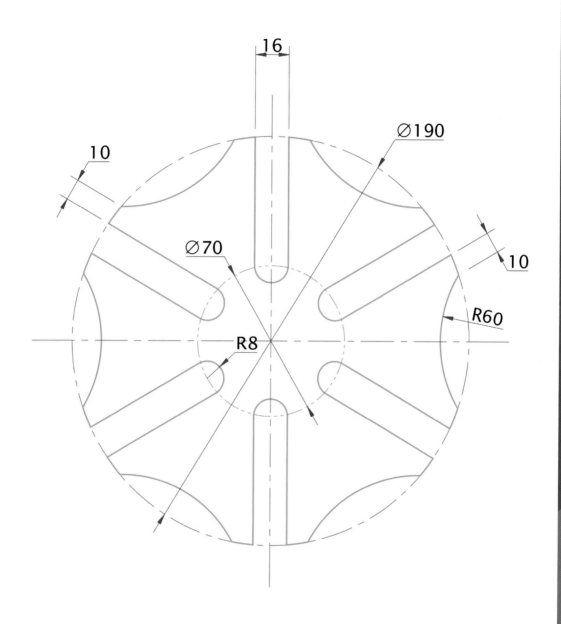

Scale 크기 확대 축소

01 Scale / sc

```
Command: Specify opposite corner or [Fence/WPolygon/CPolygon]:
Command: SC SCALE 1 found
SCALE Specify base point:
```

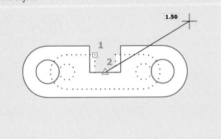

Scale

Enlarges or reduces selected objects, keeping the proportions of the object the same after scaling

To scale an object, specify a base point and a scale factor. The base point acts as the center of the scaling operation and remains stationary. A scale factor greater than 1 enlarges the object. A scale factor between 0 and 1 shrinks the object.

: Base point 기준으로 Scale Factor (축척 계수) 값을 입력하여 균일 크기로 확대 축소할 수 있습니다.

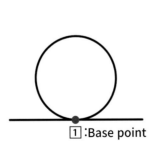

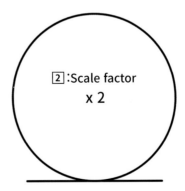

1 :Base point

2 :Scale factor
x 2

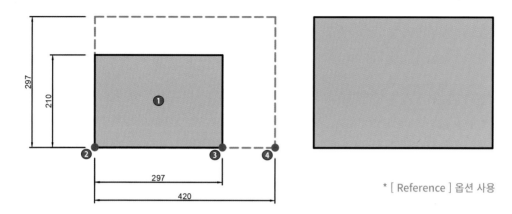

*[Reference] 옵션 사용

* A4(297, 210) 크기 직사각형을, A3(420, 297) 크기 직사각형으로 만들어 보겠습니다.

* Reference 옵션 : 정 스케일이므로 한 변의 길이 또는 특정 길이를 늘리거나 줄이게 되면
전체 크기도 동일한 비율로 늘어나거나 줄어들게 됩니다.

따라하며 익히기

❶번 직사각형을 선택합니다.

Command : sc   Enter

Specify base point :

❷번을 찍어줍니다.

Specify Scale factor or [Copy / Reference] :

Reference를 선택합니다.

Specify reference length

❷번을 다시 찍어줍니다.

Specify reference length : Specify second point :

❸번을 찍어줍니다.

Specify new length or [points] :

0도 방향(❹번)으로 끌면서, 420 입력   Enter

Stretch 한방향 늘리기 줄이기

01 Stretch / s

```
Command: s STRETCH
Select objects to stretch by crossing-window or crossing-polygon...
STRETCH Select objects:
```

Stretch

Stretches objects crossed by a selection window or polygon

Objects that are partially enclosed by a crossing window are stretched. Objects that are completely enclosed within the crossing window, or that are selected individually, are moved rather than stretched. Some types of objects such as circles, ellipses, and blocks, cannot be stretched.

: 일부 영역을 Crossing 모드로 선택하여
한쪽 방향으로 길이를
늘리거나 줄일 수 있습니다.

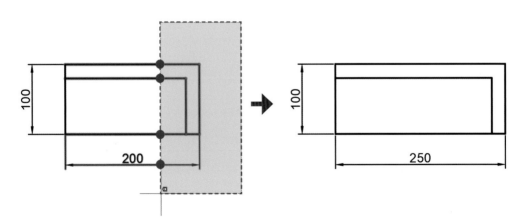

* Stretch 영역 : 걸침창 안쪽의 영역은 그대로 이동이 되며
창의 경계에 걸친 부분만 신축이 됩니다.

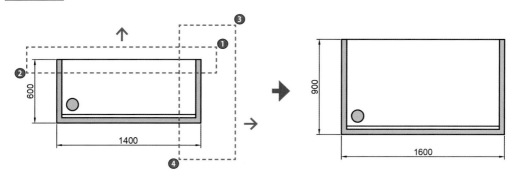

EX

따라하며 익히기

따라하며 익히기 예제 파일 / P.155.dwg

Command : s   Enter

Stretch Select objects :

임의의 ❶번 지점을 찍어줍니다.

Specify opposite corner :

드래그하여 임의의 ❷번 지점을 찍어줍니다.

Stretch Select objects :   Enter

Specify base point or [Displacement]

바깥쪽에서 임의의 지점을 찍습니다.

Specify second point

90도 방향을 잡고 300 입력   Enter

---

* 이전 명령어 반복(Repeat Command)   Enter

Stretch Select objects :

임의의 ❸번 지점을 찍어줍니다.

Specify opposite corner :

드래그하여 임의의 ❹번 지점을 찍어줍니다.

Stretch Select objects :   Enter

Specify base point or [Displacement]

바깥쪽에서 임의의 지점을 찍습니다.

Specify second point

0도 방향을 잡고 200 입력   Enter

Rotate 회전

01 Rotate / ro

```
Current positive angle in UCS:  ANGDIR=counterclockwise  ANGBASE=0
1 found
C⟲ ROTATE Specify base point:
```

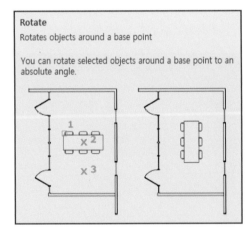

Rotate

Rotates objects around a base point

You can rotate selected objects around a base point to an absolute angle.

: 객체를 선택하고

　회전축 (Base point)을 지정한 뒤

　각도 값을 입력하여 회전할 수 있습니다.

* 시계 반대 방향의 각도가

　양의 각도(Positive angle)입니다.

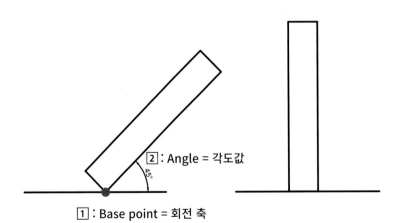

2 : Angle = 각도값

45°

1 : Base point = 회전 축

* [Reference] 옵션 사용

따라하며 익히기

따라하며 익히기 예제 파일 / P.157.dwg

❶번 객체를 선택합니다.

Command : ro   Enter

Rotate Specify base points :

❷번을 찍어줍니다.

Rotate Specify rotation angle or [copy / Reference]

Reference를 선택합니다.

Rotate Specify the reference angle

❷번을 다시 찍어줍니다.

Rotate Specify the reference angle : Specify second point :

❸번을 찍어줍니다.

Rotate Specify the new angle

❹번을 찍어줍니다.   * 4번 위치는 임의로 지정

---

* 임의의 4번 지점을 찍어 줄 때 *
즉 원하는 근처 지점을 스냅을 잡아 찍어주고자 한다면 [Shift + 마우스 오른쪽 버튼] 클릭하여
단일 객체 스냅 모드에서 [**Nearest**]를 선택하고 원하는 가장 근처 지점을 찍어주시면 됩니다.

Construction line 양방향 무한대선

01 Xline / xl

```
Command: xl
XLINE
XLINE Specify a point or [Hor Ver Ang Bisect Offset]:
```

Construction Line

Creates a line of infinite length

Lines that extend to infinity, such as xlines, can be used to create construction and reference lines, and for trimming boundaries.

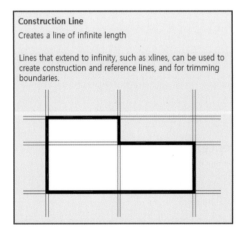

: 주로 참조선, 자르기 경계선 등으로 사용되는 양방향 무한대선입니다.

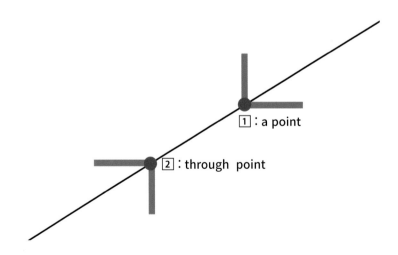

1 : a point

2 : through point

: 1번과 2번 포인트를 지나는 양방향 무한대선을 생성합니다.

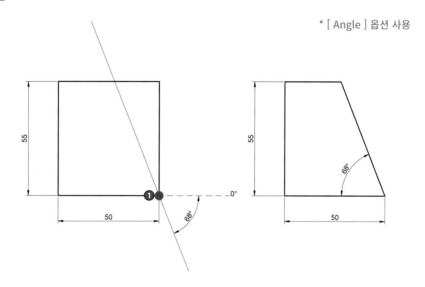

* [Angle] 옵션 사용

따라하며 익히기

Command : xl   Enter

Xline Specify a point or [Hor / Ver / Ang / Bisect / Offset]

Angle을 선택합니다.

Xline Enter angle of xline :

- 68   Enter   * 0도를 기준으로 시계 방향으로 돌아갈 경우 각도값은 음의 각도가 됩니다.

Xline Specify through point :

❶번 지점을 찍어주고 Enter를 칩니다.

불필요한 부분은 Trim 합니다.

Break / Break at Point 끊기

01 Break / br

```
Select object:
Command: BREAK
BREAK Select object:
```

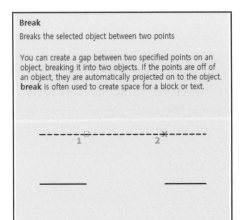

Break

Breaks the selected object between two points

You can create a gap between two specified points on an object, breaking it into two objects. If the points are off of an object, they are automatically projected on to the object. **break** is often used to create space for a block or text.

: 도면 제작 시 도면 기호, 치수, 문자 등을 위한
 공간을 만들어 주거나
 객체의 끝단 정리 등에 사용됩니다.

: 객체를 선택한 지점이
 Break의 첫 번째 즉 시작점이 되며
 두 번째 지점은 마우스 십자가로 끊거나
 객체 스냅을 잡아서 끊어줍니다.

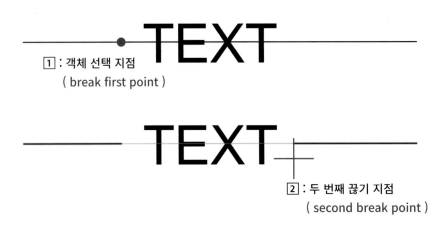

1 : 객체 선택 지점
(break first point)

2 : 두 번째 끊기 지점
(second break point)

Specify second break point or [First point]:

* 선택 옵션 **first point**를 선택하여 정확한 첫 번째 스냅 포인트를 잡을 수도 있습니다.

02 Break at Point

```
Command:
Command: _breakatpoint
BREAKATPOINT Select object:
```

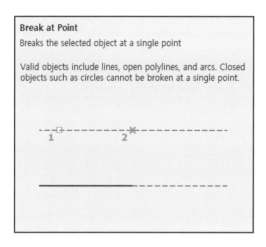

Break at Point

Breaks the selected object at a single point

Valid objects include lines, open polylines, and arcs. Closed objects such as circles cannot be broken at a single point.

: 단일 객체를 선택하고

Break 지점을 찍어주면 해당 지점을 기준으로

두 개의 객체로 나누어집니다.

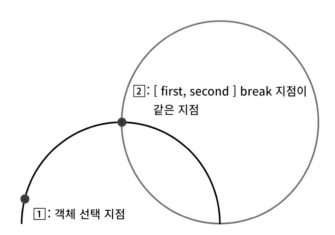

2: [first, second] break 지점이
    같은 지점

1: 객체 선택 지점

: 2번 지점을 기준으로 2개의 객체로 분할됩니다.

: 단축키가 따로 설정되어 있지 않으므로

리본 메뉴의 툴 아이콘을 직접 선택하여 사용합니다.

* 리본 메뉴 -> Home 탭 -> Modify 패널 펼치기

Lengthen 길이 조절

01 Lengthen / len

```
Command: LEN
LENGTHEN
LENGTHEN Select an object to measure or [DElta Percent Total DYnamic] <Total>:
```

Lengthen

Changes the length of objects and the included angle of arcs

You can specify changes as a percentage, an increment, or as a final length or angle. LENGTHEN is an alternative to using TRIM or EXTEND.

: 원하는 길이 조절값(Delta length)을 입력한 뒤
객체의 조절하고자 하는 방향 쪽을 찍어서
길이를 조절합니다.

* [Exit]하기 전까지는
계속 같은 Delta length 값으로 조절이 가능합니다.

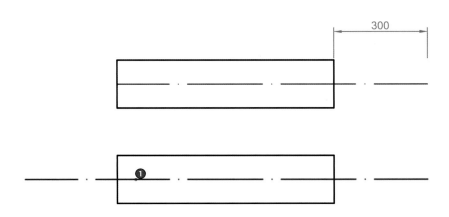

: Delta length값 300을 입력하고 ❶번 지점 쪽을 찍어서 길이를 300 늘립니다.

EX

* 원의 중심선 연장 길이만큼 직사각형 중심선의 길이도 연장해 보겠습니다.

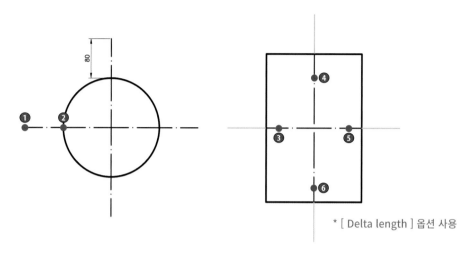

* [Delta length] 옵션 사용

따라하며 익히기

따라하며 익히기 예제 파일 / P.163.dwg

Command : len   Enter

Select an object measure or [DElta / Percent / Total / DYnamic]

Delta를 선택합니다.

delta length or [Angle]

❶번과 ❷번을 찍으면 ❶번과 ❷번 포인트 사이의 거리값이 측정되어
[Delta length] 값으로 입력되는 것입니다.   * 직접 80을 입력하여 길이 조절을 할 수도 있습니다.

Select an object to change or [Undo]

임의의 ❸, ❹, ❺, ❻번 지점을 순서에 상관없이 찍어줍니다.

길이 조절이 끝나면 Enter를 칩니다.

Multiline 다중선

01 Mline / ml

```
MLINE
Current settings: Justification = Top, Scale = 20.00, Style = STANDARD
MLINE Specify start point or [Justification Scale STyle]:
```

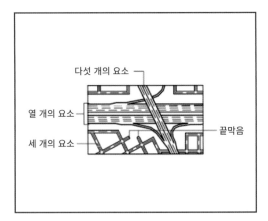

: 일정한 평행 간격 값을 갖는

두 줄 이상의 선을

동시에 생성할 수 있습니다.

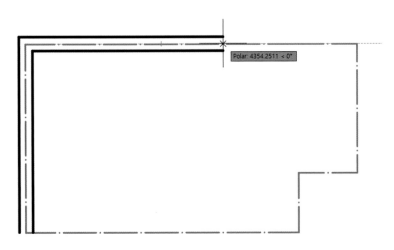

* 두 줄 이상의 벽선을 생성할 때 편리합니다.

02 Multiline Style / mlstyle

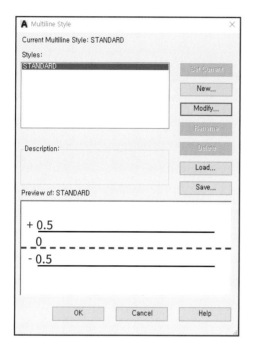

: [Multiline Style] 창에서

기본 스타일(Standard) 설정은

일단 두 개의 선(Elements)으로 되어 있으며

Zero(0) 지점을 기준으로

바깥쪽으로 0.5 안쪽으로 0.5

간격이 설정되어 있는 것을 알 수 있습니다.

* [Standard style]은 간격이 1mm인 두 줄입니다.

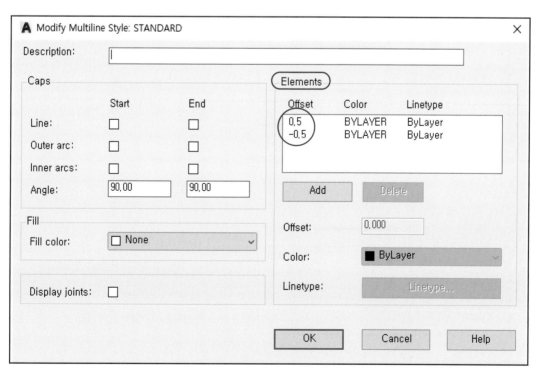

SECTION **30**

Multiline 다중선

03 Multiline 정렬방식 (Justification)

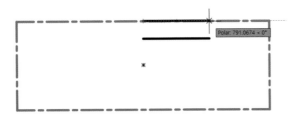

[TOP]

: Multiline을 시작하는 지점이
  바깥쪽, 즉 멀티라인의
  TOP이 되는 것입니다.

[ZERO]

: Multiline을 시작하는 지점이
  0 지점, 즉 멀티라인 간격 설정의
  Zero 지점이 되는 것입니다.

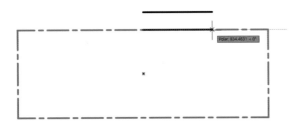

[Bottom]

: Multiline 을 시작하는 지점이
  안쪽, 즉 멀티라인의
  Bottom이 되는 것입니다.

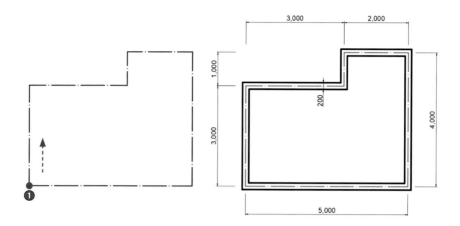

따라하며 익히기

따라하며 익히기 예제 파일 / P.167.dwg

Command : ml   Enter

Current Settings : Justification = Top , Scale = 20 , Style = Standard

Specify Start point or [Justification / Scale / STyle]

Justification을 선택합니다.

Justification type [Top / Zero / Bottom]

Zero를 선택합니다.

Specify Start point or [Justification / Scale / STyle]

Scale을 선택합니다.

Enter mline scale

200   Enter

❶번 지점을 찍은 뒤 시계 방향으로 각 모서리 지점을
Next point 지점으로 찍으면서 돌려줍니다.
돌아서 ❶번 지점으로 거의 다 왔을 때에는 선택 옵션에서 Close를 선택합니다.

Multiline Edit Tools 다중선 편집

01 Multiline Edit Tools 창 / Mledit

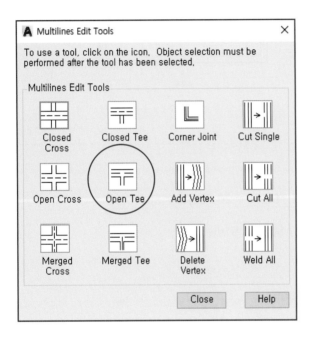

: Multiline을 더블 클릭하여
 편집 툴을 사용할 수 있습니다.

: 모서리 부분을 정리하거나
 서로 Cross되는 부분을
 Open하여 정리할 수 있습니다.

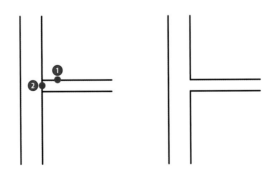

참고 예제 파일 / P.168.dwg

: Open tee를 선택하고 ❶번과 ❷번을 순차적으로 찍어서 Open할 수 있습니다.

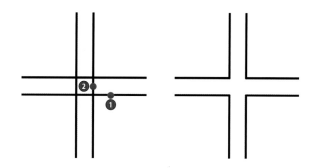

따라하며 익히기   따라하며 익히기 예제 파일 / P.169.dwg

❶번 Multiline을 더블 클릭, 또는 Mledit 입력 후 Enter를 칩니다.

Multiline Edit Tools창이 열리면

창에서 Open Cross 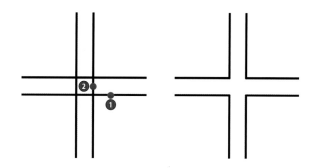 를 선택합니다.

❶번을 찍어준 다음에 ❷번을 찍어서 Open시켜줍니다.

참고 사항

 Multiline edit tool 기능이 편리한 부분도 있지만
실제 도면 제작 시에는 많이 사용되지 않습니다.
보통은 Multiline을 분해(Explode) 한 뒤에 Trim, Extend, Fillet 등으로 정리하여
도면 작업을 진행하고 있습니다.

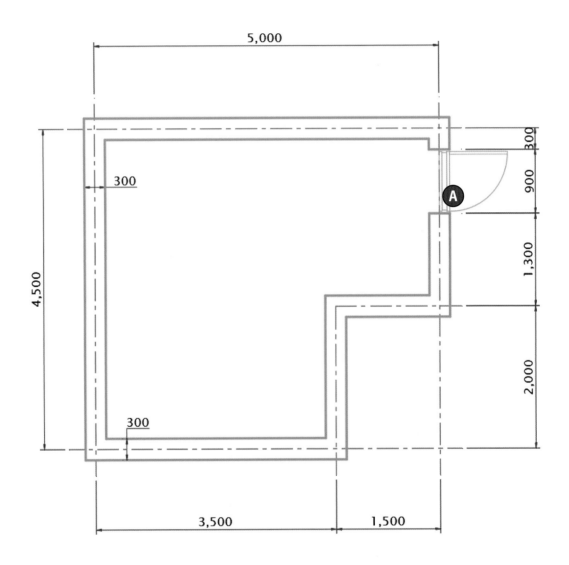

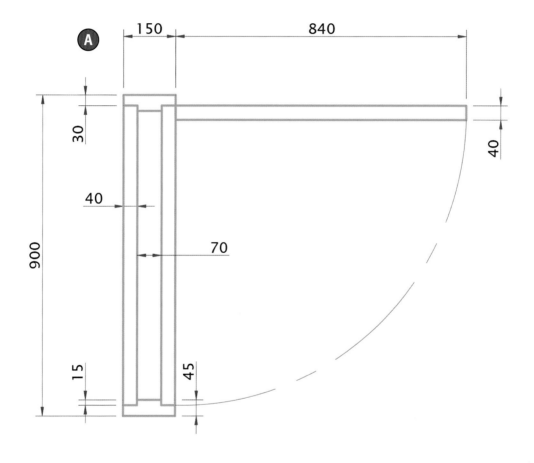

Point / Divide 지점 표시 / 균등 분할

01 Point / po

```
Command: _point
Current point modes:  PDMODE=0  PDSIZE=0.0000
POINT Specify a point:
```

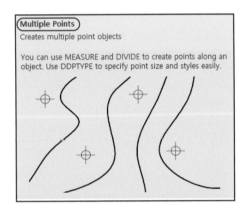

: Point는 특정한 지점을 표시할 수 있는
기능입니다. [Single / Multiple] 타입이
있으며 주로 Single 타입을 사용합니다.

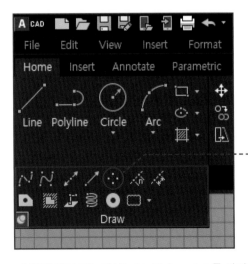

┈┈┈┈┈■ : 리본 메뉴 -> Home 탭 -> Draw 패널
하단을 펼치면 Multiple point 툴
아이콘을 찾을 수 있습니다.

* 현재 리본 메뉴에서는 Multiple point 툴 아이콘만 있으므로
Single point 모드를 사용하고자 할때는 단축키 [po]를 사용하시면 됩니다.

02 Point style / ptype

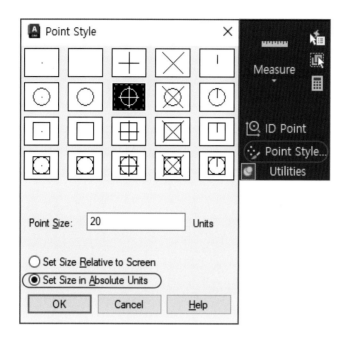

: 리본 메뉴 -> Home 탭
  -> Utilities 패널 하단

[Point 모양 및 사이즈 조정]

[1] **모양** - 총 20가지 타입이 있으며

　　　단일 도면에서 한 가지 타입만 사용할 수 있습니다.

[2] **사이즈** - **Relative to Screen**

　　　: 화면상에서 전체 화면을 100%로 보았을 때

　　　point는 100% 중에 몇 프로 정도로 보일 것인가를 정해줍니다.

　　　Absolute Units

　　　: 기본 단위(mm)를 사용하는 것으로 주로 사용됩니다.

　　　원하는 사이즈를 입력해 주면 됩니다.

Point / Divide 지점 표시 / 균등 분할

03 Divide / div

```
Command: DIV
DIVIDE
DIVIDE Select object to divide:
```

Divide

Creates evenly spaced point objects or blocks along the length or perimeter of an object

Use DDPTYPE to set the style and size of all point objects in a drawing.

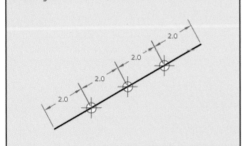

: 객체가 분할되는 것이 아니고
 분할되는 지점을 Point로 표시해 주는
 것입니다.

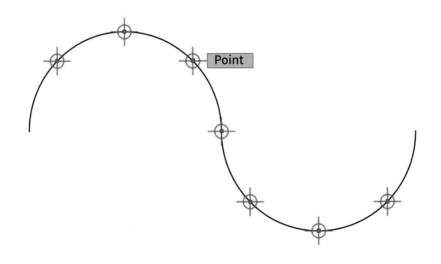

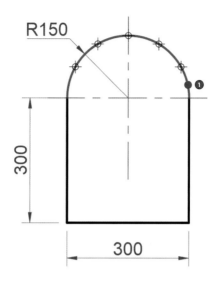

따라하며 익히기   따라하며 익히기 예제 파일 / P.175.dwg

Command : div │ Enter

Select object to divide :

❶번 객체를 선택합니다.

Enter the number of segments :

6 │ Enter

Donut / Revision cloud 솔리드 원 / 구름 경계선

01 Donut / do

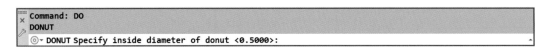

```
Command: DO
DONUT
DONUT Specify inside diameter of donut <0.5000>:
```

Donut

Creates a filled circle or a wide ring

A donut consists of two arc polylines that are joined end-to-end to create a circular shape. The width of the polylines is determined by the specified inside and outside diameters. To create solid-filled circles, specify an inside diameter of zero.

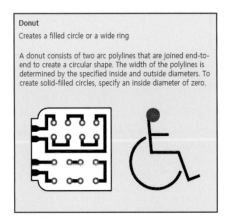

: 외경과 내경 값을 입력하여
  단색으로 채워진 원 혹은 링 형태를
  만들 수 있습니다.

EX

50

: 내부가 단색으로 채워진 원을
  만들어 보겠습니다.

따라하며 익히기

Command : do | Enter

Specify inside diameter of donut

0 | Enter

Specify outside diameter of donut

50 | Enter

원하는 위치에 찍어줍니다.

02 Revision Cloud / Revcloud

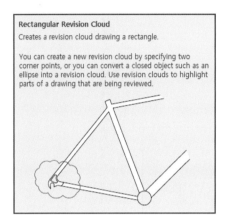

Rectangular Revision Cloud
Creates a revision cloud drawing a rectangle.

You can create a new revision cloud by specifying two corner points, or you can convert a closed object such as an ellipse into a revision cloud. Use revision clouds to highlight parts of a drawing that are being reviewed.

: 대략적인 Arc length 값을 입력하여
최대 최소 2배 정도 길이 차이를 갖는
Arc Segments로 이루어진
구름 경계선을 생성할 수 있습니다.

EX

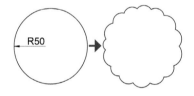

R50

: 반지름이 50인 원을 그려서
구름 모양으로 바꿔 보겠습니다.

* Approximate length of arc : 20
(대략적인 호의 길이)

따라하며 익히기

Command : revcloud　**Enter**

Specify first corner point or [Arc length / Object / Rectangular / Style ...
Arc length 선택합니다.

Specify approximate length of arc :

20　**Enter**

Specify first corner point or [Arc length / Object / Rectangular / Style ...
object를 선택합니다.

Select object :

Circle을 선택합니다.

Reverse direction [Yes / No] < No >　**Enter**

Linetype 선 종류

01 Linetype Manager / LT

* 도면제작시 필요한 선종류를 불러옵니다.

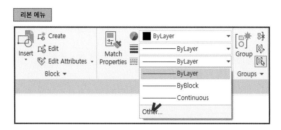

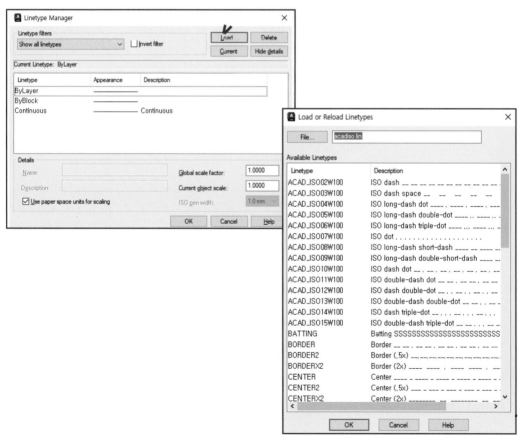

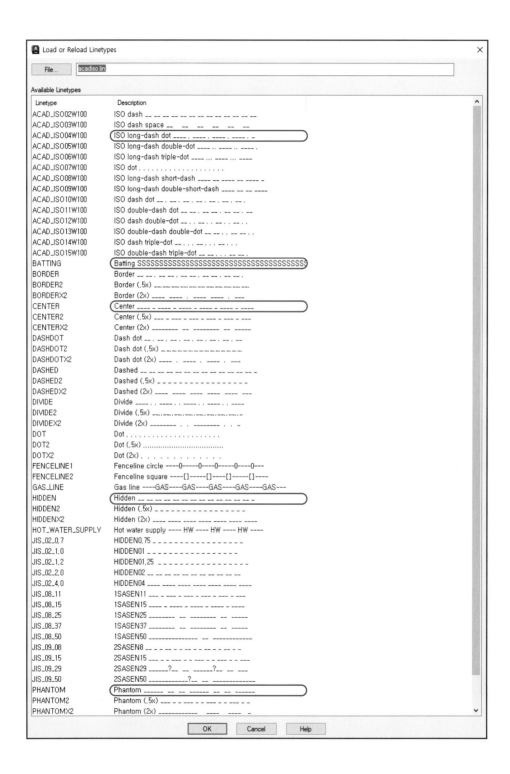

Linetype 선 종류

02 주로 사용하는 선 종류

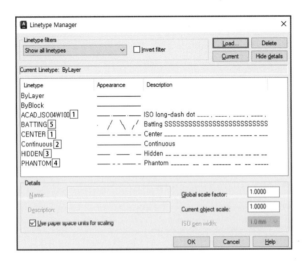

[1] **1점 쇄선 (Center)** : 도면 설계와 도면 해독 시 필요한 보조선으로서

도면상에서 [기준 / 경계 / 방향 / 반경 / 대칭 / 오픈 / 중심] 등

여러 가지 용도로 사용되고 있는 보조선입니다.

ACAD_ISO04W100 [**Long Dash / Dot**]

Center [**Long Dash / Short Dash**]

[2] **실선 (Continuous)** : 실제로 존재하는 형상의 외형선으로

[단면 / 입면 / 해칭] 선 등을 그릴 때 사용합니다.

3 은선 (Hidden line) : 특정 방향, 뷰 높이에서 보았을 때 보이지 않는 부분의 형상을
　　　　　　　　　　　　　참고 표시하기 위해서 사용됩니다.

---

4 2점 쇄선 (Phantom) : 가상선으로서 [동일 연장선상에 위치 / 동일 원 둘레에 위치] 등
　　　　　　　　　　　　　가상의 위치를 선으로 표시하여
　　　　　　　　　　　　　도면을 이해하는 데 도움을 주는 선입니다.

ACAD_ISO05W100 [**Long-Dash** / **Double-Dot**]

Phantom [**Long-Dash** / **Double-Short-Dash**]

5 BATTING : 단면 상세도에서 Insulation(단열재)의 단면 등을 표시할 때 사용됩니다.

참고 사항

선 종류에는 이렇게 주로 사용되는 선 외에도
3점 쇄선 및 선의 스케일 차이에 따라서 여러 가지 타입으로 제시되어 있으며
필요에 따라서 직접 제작하여 사용할 수도 있습니다.

Ltscale   선 스케일

01   Ltscale / LTS

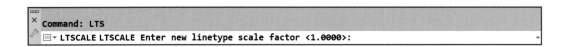

```
Command: LTS
LTSCALE LTSCALE Enter new linetype scale factor <1.0000>:
```

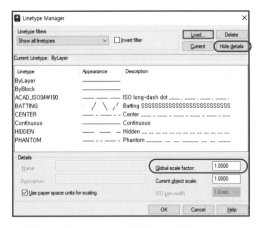

[Global Scale Factor] 단축키 : LTS

: 도면 전체 선 스케일 조정으로
  단일 도면 파일에서 모든 선들은
  [Global Scale Factor] 값으로
  선 스케일 조정을 할 수 있습니다.

* [Show(Hide) details] 버튼을 누르면
  하단의 Details 메뉴를 보이거나 보이지 않게 할 수 있습니다.

LTS : 1

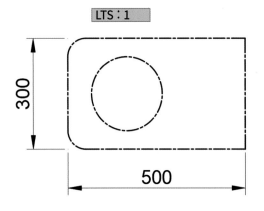

300

500

LTS : 3

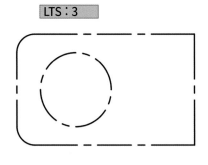

개별 선 스케일 조정

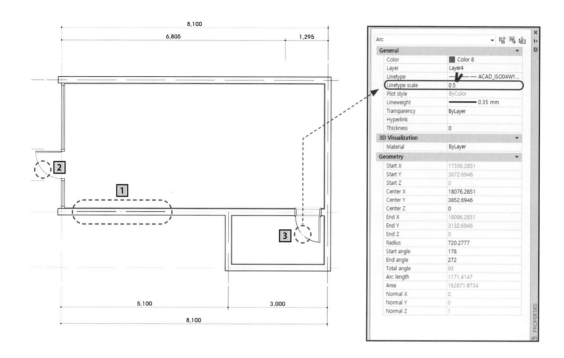

현재 도면상에서 벽의 중심선은 1점 쇄선이고
도면 전체 선 스케일 (LTS)값은 50입니다.

1번 벽의 중심선과 2번 ARC는 동일한 스케일의 1점 쇄선이지만
2번 ARC가 1번 벽의 중심선의 길이보다 상대적으로 짧다 보니
동일한 스케일이 반영되었을 때 실선으로 보이게 됩니다.

그래서 이렇게 개별적으로 선 스케일 조정이 필요할 경우 객체 선택 후
Properties (Ctrl+1) 속성창에서 **[Linetype scale]** 값을 조정해 줍니다.

3번 ARC는 Linetype scale 값을 1에서 0.5로 조정하였으므로
1점 쇄선으로 보이는 것을 알 수 있습니다.

Layer 도면층

01 Layer

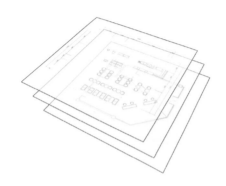

: 도면을 제작하기 위해서는 다양한
요소들이 필요하며 또한 많은 선(객체)
들이 사용됩니다.

이렇게 많은 객체들을 개별 조정하는 것
보다는 도면층으로 분류하여 조정하는
것이 효율적입니다.

02 Layer 0

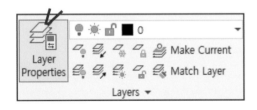

: 리본 메뉴 -> Home 탭 -> Layer 패널

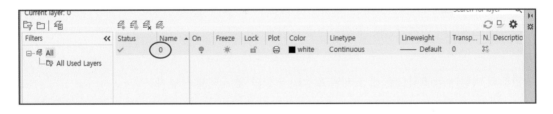

: 표준 템플릿 [Acadiso.dwt]을 선택하여 새 파일(Drawing1.dwg)을 생성했을 때
해당 파일에 레이어는 딱하나 있습니다.

: 이름은 숫자 0으로 되어있으며 지울 수 없는 **Default Layer**입니다.

03 New Layer 생성

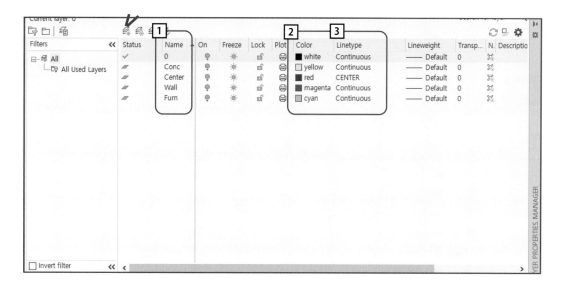

: 새로운 레이어 생성 시 주요 변경 항목은 [**Name / Color / Linetype**] 입니다.

1 레이어 이름 (Name)

: 구분하기 쉬우며 다른 작업자들도 충분히 파악할 수 있는 이름으로
지정하는 것이 좋습니다.

2 레이어 컬러 (Color)

: 배경 색상을 기준으로 명도나 색상에 따른 구분과 레벨링이 필요합니다.

3 레이어 선종류 (Linetype)

: 1점 쇄선이나 2점 쇄선 등은 설계 도면에서 약속된 쓰임새가 있으므로
레이어에 따라 정확하게 지정해야 합니다.

Layer 도면층

04 Current Layer 지정

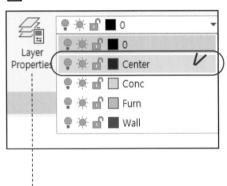

: 리본 메뉴 -> Home 탭 -> Layer 패널

: 레이어 리스트를 펼친 다음
  원하는 레이어를 선택하면
  현재 레이어가 쉽게 지정됩니다.

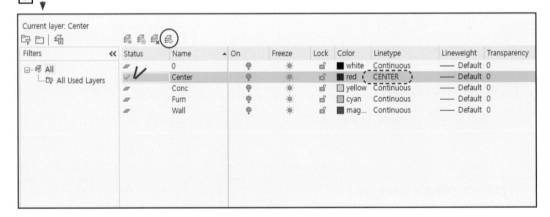

: [**Layer properties manager / LA**] 창을 열어서
  원하는 레이어의 Status 부분을 더블클릭하거나, Set Current 버튼을 눌러서
  현재 레이어로 지정할 수 있습니다.

05 Current Properties

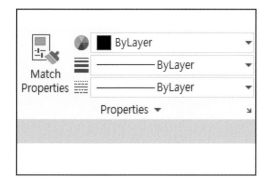

: 리본 메뉴 -> Home 탭 -> Properties 패널

: 색상, 선 가중치, 선종류의 현재 속성을
By Layer로 설정하면
작성되는 모든 객체는 현재 레이어의
속성 설정대로 생성됩니다.

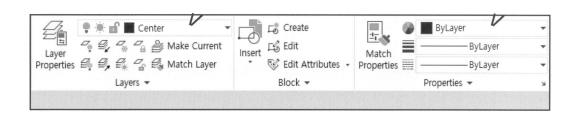

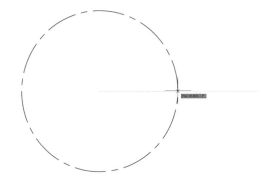

: 현재 레이어를 Center 레이어로
지정한 뒤에 Circle을 생성하면
현재 레이어의 설정대로 선색상과
선종류가 적용되게 됩니다.

Layer 도면층

06 Layer 변경

1

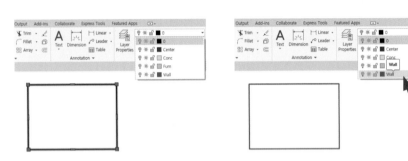

: 객체를 선택하고 리본 메뉴 Layer 패널 리스트를 펼쳐서
원하는 레이어를 선택하면 선택한 객체의 레이어가 변경됩니다.

2

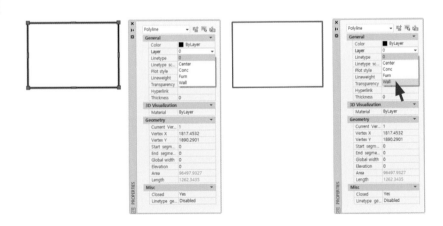

: 객체를 선택하고 Properties 창에서도 Layer를 변경할 수 있습니다.

* **Properties 창** 열기 : 객체 선택 후 마우스 오른쪽 버튼 클릭(바로가기 메뉴) 하단에서 선택.
단축키 [**CH / Ctrl+1**]

07　Layer [on / off] [Freeze / Thaw]

1　Layer [on / off]

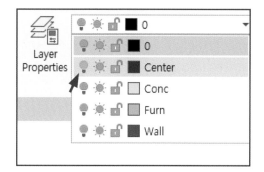

: [Off] 하면 해당 레이어에 속한 객체들은
　작업 화면 상에서 보이지 않게 됩니다.

2　Layer [Freeze / Thaw]

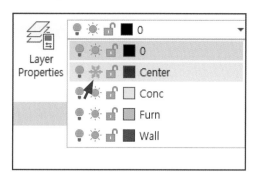

: [Freeze(동결)] 하면 해당 레이어에 속한
　객체들은 작업 화면에서 보이지 않게 되며
　프로그램 자체 메모리에서도
　해당 레이어를 off(해제) 합니다.

Freeze 특성

동일한 기능처럼 보이지만 레이어가 동결(Frozen)되면

오토캐드 프로그램 자체 메모리 에서도 레이어를 해제하므로

재설정(Regenerating model) 시에 동결된 레이어를 고려하지 않습니다.

즉 해당 레이어 내부의 객체들이 무겁고, [on / off]를 여러 번 반복하지 않을 것이라면

동결하는 것이 프로그램 속도 향상을 위해서 좋습니다.

＊ 현재 레이어(Current layer)는 off 는 가능하지만 Freeze는 불가능 합니다.

Layer 도면층

08 Locked layer 잠긴 레이어

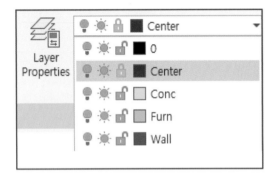

: 잠긴 레이어는 작업 화면에서는
  보이지만 조정은 불가능합니다.

: **Osnap**은 정상적으로 잡힙니다.

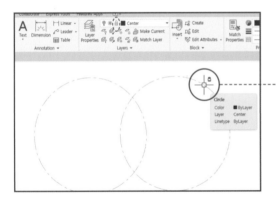

: 좌물쇠 표시가 나옵니다.

  * 색상이 희미하게 보입니다.

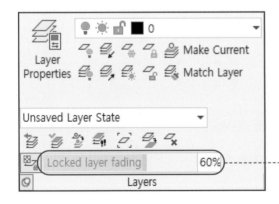

: 잠긴 레이어는
  [**Locked layer fading**] 기능으로
  작업 화면에서 설정값만큼
  희미하게 보이게 됩니다.

09 New Group Filter

: 기존의 레이어들을 사용하지 않고
새로운 그룹을 만든 다음 레이어를
생성합니다.

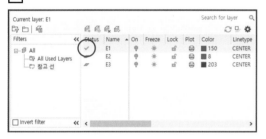

: 새 그룹의 레이어 중 하나를 현재 레이어
로 지정하면, 리본 메뉴 레이어 리스트에서
전체 레이어가 아닌 새 그룹의 레이어만
보이게 됩니다.

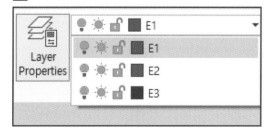

: 이럴 경우 레이어 패널에서 현재 작업에
필요한 레이어만 볼 수 있으므로
조정하기가 좀 더 편리합니다.

Layer 도면층

10   Layiso / Layuniso

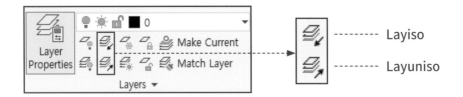

Layiso : 선택된 하나의 레이어를 제외한 나머지 레어어들을

모두 [Lock] 하거나 보이지 않도록 [Off]하여

결국 하나의 레이어만 고립시키는 것입니다.

Layuniso : layer 고립 모드를 해제하게 되면

나머지 레이어들이 [Unlock]이 되거나 [On] 됩니다.

* [**Lock or Off**] 선택은 레이어 속성 관리자 창에서
Settings로 들어가서 선택하시면 됩니다.

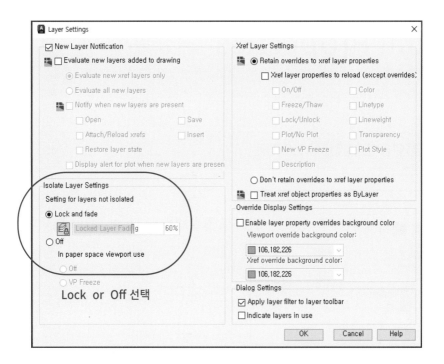

11 Make Current

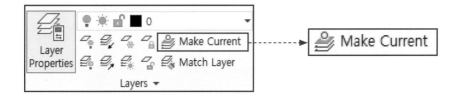

: 객체들을 선택하고 [Make Current] 버튼을 눌러주면
객체들이 속한 레이어가 현재 레이어로 바뀝니다.

Match Properties　속성 일치

01　Match Properties / ma

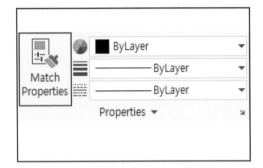

: 선택된 객체의 [Layer / Color / Linetype /
Lineweight / LinetypeScale / Plot style /
Transparency] 등의 속성을 복사하여
다른 객체에 적용할 수 있는 도구입니다.

EX

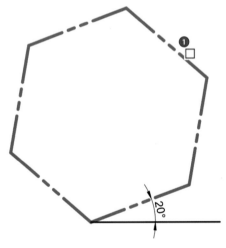

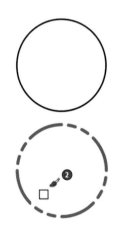

따라하며 익히기

따라하며 익히기 예제 파일 / P.194.dwg

| Command : ma | Enter |

Select source object :

❶번 객체를 찍어서 선택합니다.

Select destination object(s) or [Settings]

| ❷번 객체를 선택하고 | Enter |

* [Match Properties] 툴로
1번 객체의 속성을 복사하여 2번 객체에 적용해 주었습니다.
1번 객체의 각도 값이나 형상의 종류, 모양까지는
복사되지 않습니다.

```
PlotStyle Dim Text Hatch Polyline Viewport Table Material Multileader Center object
MATCHPROP Select destination object(s) or [Settings]:
```

Property Settings

Basic Properties

- ☑ Color   ▮ 94,103,175
- ☑ Layer   0
- ☑ Linetype   PHANTOM
- ☑ Linetype Scale   1
- ☑ Lineweight   0.60 mm
- ☑ Transparency   ByLayer
- ☑ Thickness   0
- ☑ PlotStyle   Color_165

Special Properties

- ☑ Dimension   ☑ Text   ☑ Hatch
- ☑ Polyline   ☑ Viewport   ☑ Table
- ☑ Material   ☑ Multileader ☑ Center object

OK
Cancel
Help

: 선택한 객체의 속성을 복사하여 다른 객체에 적용하기 전에

[Properties Settings] 창을 열어서

복사를 원치 않는 속성들은 체크 해제하여 복사가 되지 않도록 할 수 있습니다.

* 보통은 모두 체크되어 있는 상태로 진행합니다.

Hatch 재료 패턴넣기

01 Hatch / H 속성 파악하기

Hatch

Fills an enclosed area or selected objects with a hatch pattern or fill

Choose from several methods to specify the boundaries of a hatch.

- Specify a point in an area that is enclosed by objects.
- Select objects that enclose an area.
- Specify boundary points using the -HATCH Draw option.
- Drag a hatch pattern into an enclosed area from a tool palette or DesignCenter.

: 닫힌 영역 안에
형상의 절단면과 입면의 재료를
일정한 패턴 형태로 채워 줌으로써
도면에서 형상이 어떤 구조나 재료인지를
파악하는데 도움을 줍니다.

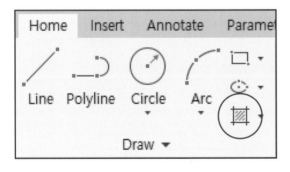

: 단축키 [**H**]를 입력하거나
직접 툴을 선택하시면 됩니다.

Hatch Creation

* 리본 메뉴에서 [Hatch Creation] 탭이 활성화됩니다.

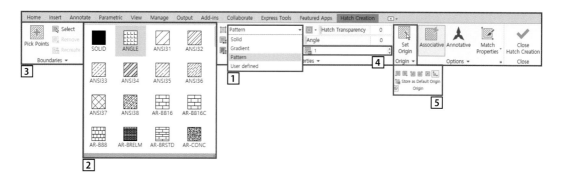

1 Type 선택

Pattern : 약속된 패턴으로 2 번 샘플에서 선택하거나 외부에서 불러올 수 있습니다.

패턴은 4 번에서 스케일 조정을 통해 적용합니다.

5 번 [Set origin]으로 패턴의 시작점을 지정할 수 있습니다.

Solid : 단일 색상으로 영역을 채울 수 있습니다.

Gradient : 두 가지 색상을 가지고 한 방향에서 다른 방향으로

색이 점차 변화하는 효과를 적용할 수 있습니다.

User defined : 사용자 정의로 4 번에서 스케일이 아닌 선과 선의 간격 값을 입력하여

정확한 간격의 일자, 격자 패턴을 채워줄 수 있습니다.

2 Pattern 샘플

: 샘플 중에서 구조와 재료에 맞는 패턴을 선택합니다.

Hatch 재료 패턴넣기

③ 경계 영역 조정

: 패턴이 채워질 경계(Boundaries) 영역을 지정, 추가하거나
제거할 수 있습니다.

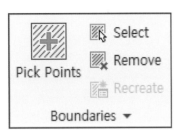

: 닫힌 영역 안쪽(Internel point)을
찍어서 적용합니다.

: 단일 객체 Polyline, circle, ellipse 등의
테두리 경계를 찍어서 적용합니다.

: 경계가 여러 개인 단일 Hatch에서
불필요한 경계를 찍어서 해당 경계 안쪽의
Hatch를 제거할 수 있습니다.

④ 크기 및 간격 조정

: 타입이 [**Pattern**]이면 **Scale** 조정을 하며
타입이 [**User defined**]이면 **Line Spacing(선간격)** 조정을 합니다.

⑤ 패턴 시작점 지정

: 패턴의 시작점(Origin)을 직접 찍어서 지정하거나
하단 리스트에서 선택할 수 있습니다.

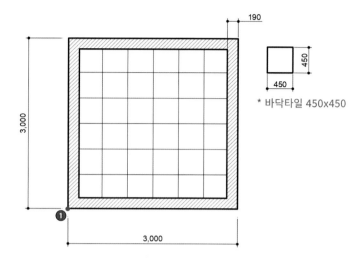

* 바닥타일 450x450

따라하며 익히기

Command : rec　Enter

Specify first corner point or [Chamfer / Elevation / Fillet / Width]

임의의 ❶번 지점을 찍어줍니다.

Specify other coner point :

@ 3000, 3000　Enter

Command : o　Enter

Specify offset distance or [Through / Erase / Layer]

190　Enter

Select object to offset :

Rectangle을 선택합니다.　Enter

Specify point on side to offset or [Exit / Multiple / undo

Retangle 안쪽 임의의 지점을 찍어줍니다.　Enter

Command : h　Enter

Pick internal point or [Select objects / Endo / seTings]

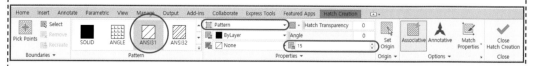

Hatch 재료 패턴넣기

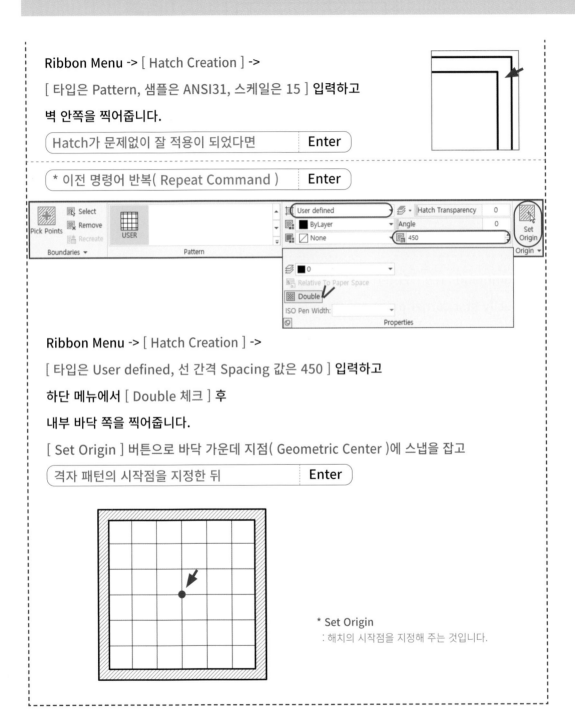

Ribbon Menu -> [Hatch Creation] ->

[타입은 Pattern, 샘플은 ANSI31, 스케일은 15] 입력하고

벽 안쪽을 찍어줍니다.

| Hatch가 문제없이 잘 적용이 되었다면 | **Enter** |

| * 이전 명령어 반복(Repeat Command) | **Enter** |

Ribbon Menu -> [Hatch Creation] ->

[타입은 User defined, 선 간격 Spacing 값은 450] 입력하고

하단 메뉴에서 [Double 체크] 후

내부 바닥 쪽을 찍어줍니다.

[Set Origin] 버튼으로 바닥 가운데 지점(Geometric Center)에 스냅을 잡고

| 격자 패턴의 시작점을 지정한 뒤 | **Enter** |

* Set Origin
: 해치의 시작점을 지정해 주는 것입니다.

02 Gap Tolerance

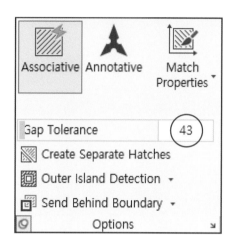

: 경계가 닫혀있지 않을 경우에는
[Gap Tolerance] 값을 입력하여
해치를 적용할 수 있습니다.

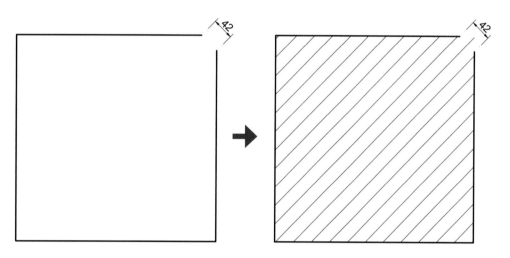

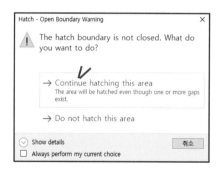

: 경계선이 닫혀있지 않기 때문에
허용 간격 값을 입력하여도
경고 창은 열리게 됩니다.

: [Continue hatching this area]를
선택합니다.

AUTOCAD

EXAMPLE-D

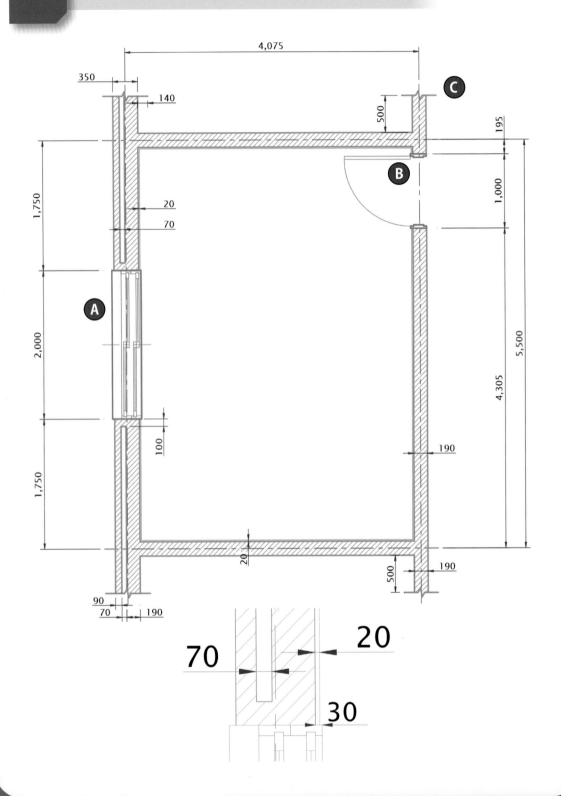

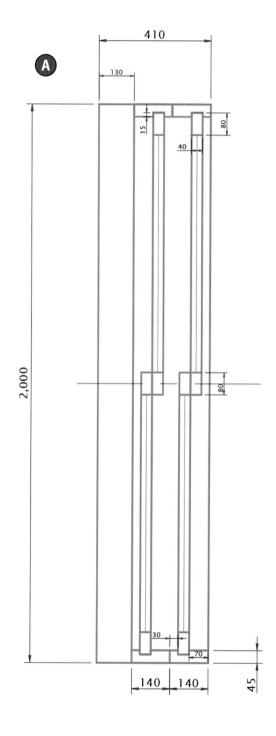

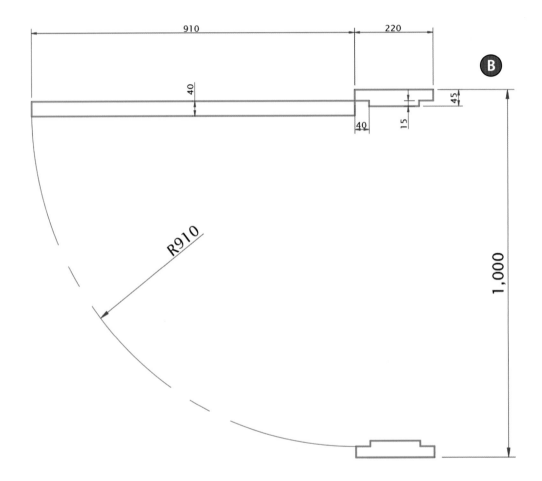

910

220

B

40

45

40

15

R910

1,000

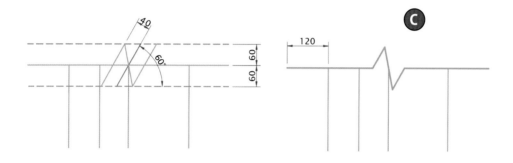

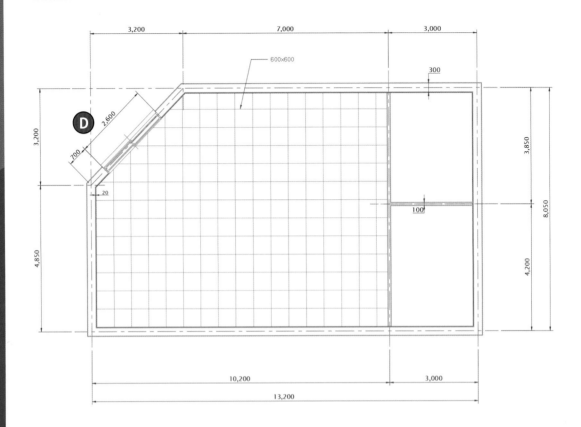

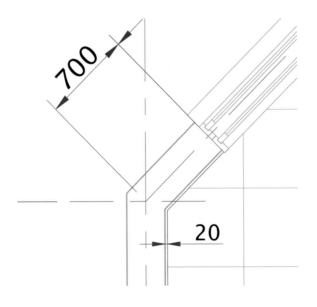

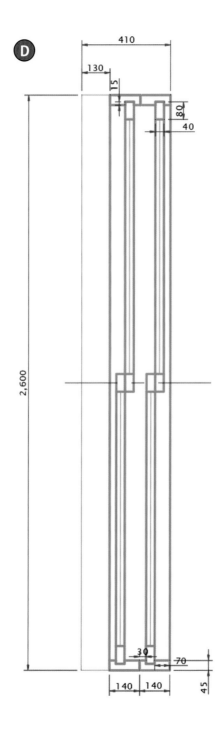

D

410

130

15

80

40

2,600

30

70

140 140

45

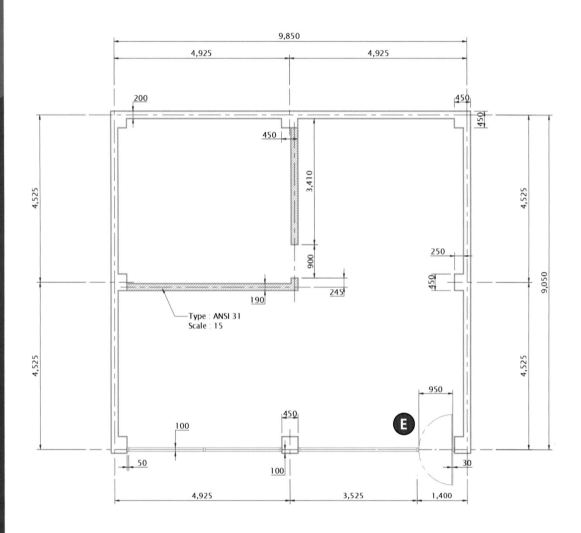

Type : ANSI 31
Scale : 15

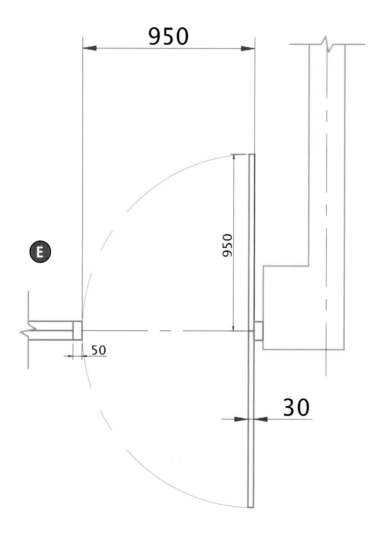

Block 내부 블록

01 Block

리본 패널

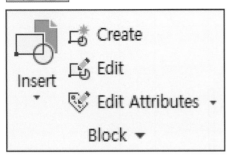

내부 블록이란?

: 도면 내부 요소로써 반복적으로 사용하는

가구, 집기, 도면 기호, 심볼 등을

블록화하여 저장한 뒤 필요할 때

도면에 삽입하여 사용할 수 있는 것.

02 DesignCenter / adcenter / Ctrl+2

[Design Center]

: 오토캐드 파일 탐색창으로 폴더 검색을 통해 도면을 찾고
  미리 보기를 할 수 있습니다.

: 도면 파일 내의 블록 및 도면층 등 내부 요소를 확인하고
  현재 도면에 삽입할 수 있습니다.

: 새 창으로 도면 파일을 열 수 있습니다.

: 다른 도면의 도면층 및 치수, 문자 스타일 등을 끌고 와서 사용할 수 있습니다.

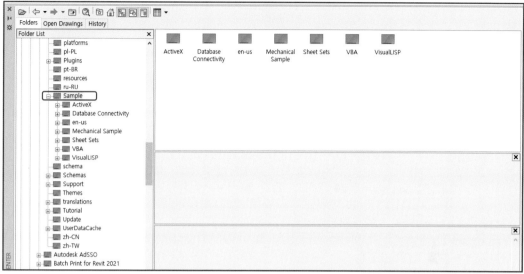

* 초기화면으로 오토캐드 샘플 폴더가 선택되어 있습니다.

따라하며 익히기

1 폴더 리스트 검색을 통해 오토캐드 샘플 도면을 찾고

해당 도면의 내부 요소인 블록 샘플을 작업 화면으로 끌어와서 삽입해 보겠습니다.

(C:/Program Files/Autodesk/AutoCAD 202X/Sample/en-us/DesignCenter)

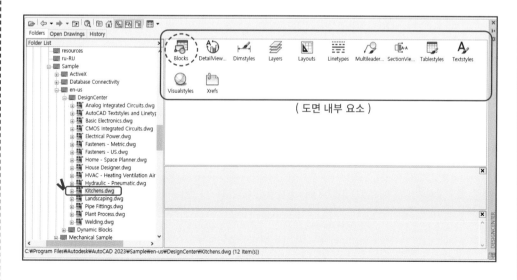

SECTION 39

Block 내부 블록

[2] **kitchens.dwg 파일의 내부 블록 썸네일 및 미리 보기가 가능합니다.**

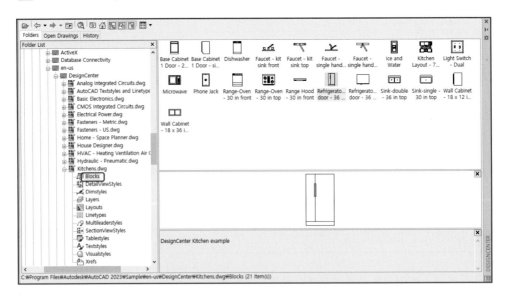

[3] **원하는 블록을 선택하고 화면으로 끌고 오면 삽입이 됩니다.**

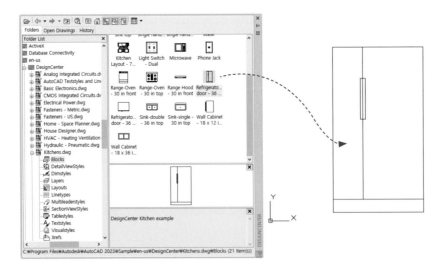

03　Block 살펴보기

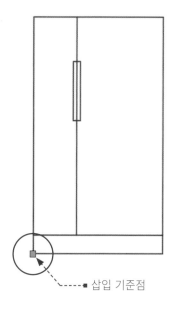

삽입 기준점

: 삽입 된 블록은 단일 객체로 선택이 되며
　하나의 삽입 기준점이 있습니다.

: **삽입 기준점(Insertion basepoint)**
　블록 삽입 시 마우스 커서의 위치이며
　신속한 배치를 위하여 포인트 지정이
　중요합니다.

04　Block Definition / B　블록 생성

EX

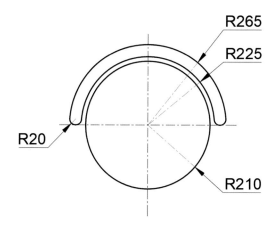

R265
R225
R20
R210

* 치수에 맞도록 의자를 작도합니다.

Block 내부 블록

따라하며 익히기

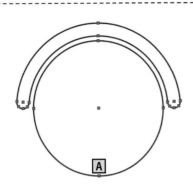

작도한 의자를 모두 선택한 뒤

Command : b   Enter

* 블록 생성창이 열립니다.

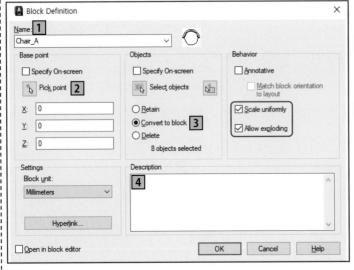

1 블록 이름 기입

: Chair_A

2 삽입 기준점 지정

[Pick point] 버튼으로

의자의 A지점을 찍어서

삽입 기준점을 지정합니다.

3 선택한 원본 객체들의 상태 선택

[Retain(현상태 유지) / **Convert to block(블록화)** / Delete(제거)]

4 [Description]에는 블록에 대한 상세 설명을 기입

> * 일반적으로 심볼, 기호, 가구 등은 정 스케일이고 분해가 가능해야 하므로
> [Scale uniformly / Allow exploding] 체크합니다.

따라하며 익히기

---

* 도면 내부에 저장된 Chair_A 블록을 insert 창을 통하여 작업 화면에 삽입하여 보겠습니다.

Command : i   Enter

* 블록 삽입창이 열립니다.

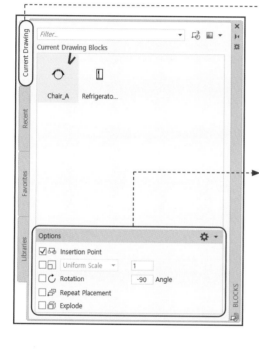

[Current Drawing] 탭

: 도면 내부에있는 블록 리스트를
  보여줍니다.

: Chair_A를 선택합니다.

[Option] 설정

: insertion point

  삽입 위치를 화면상에서 직접 지정합니다.

: Rotation

  의자를 시계 방향으로 90도 돌려야 하므로
  각도값은 [-90] 입력합니다.

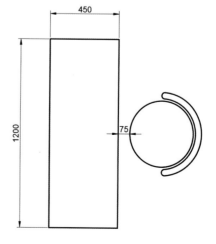

* 테이블을 치수에 맞게 먼저 작도해 놓고
  의자를 삽입하여 배치해 봅니다.

Wblock 외부 블록

01 Write block / w

■ 현재 도면에서 선택 된 객체들을 하나의 도면 파일로 저장할 수 있습니다.

■ 선택 된 객체들이나 도면 전체 또는 내부 블록 등을
  현재 도면이 아닌 외부 경로에 일반 도면과 같은 형식으로 저장할 수 있습니다.

■ 파일 확장자가 .dwg 이므로 일반 도면과 같지만 삽입 시에는 블록 생성 시 지정한
  삽입 기준점 (Insertion base point)으로 삽입할 수 있습니다.

따라하며 익히기

* 오토캐드 샘플 도면을 활용하여 전체 도면에서 일부분을 선택하고
  다른 이름의 도면으로 저장해 보겠습니다.

1 **Designcenter 창을 열어줍니다. [Ctrl+2]**

  *경로 : Sample -> Sheet Sets -> Architectural -> Res

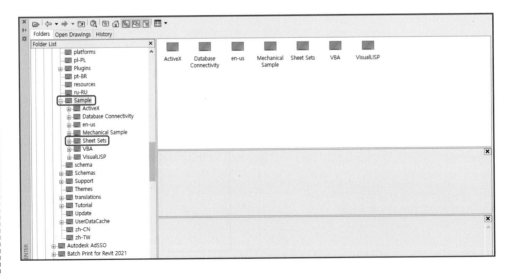

② [Exterior Elevations.dwg] 선택 -> 마우스 오른쪽 버튼 클릭 ->

[Open in Application Window] 선택하여 파일을 열어줍니다.

새로운 창으로 선택한 도면이 열립니다.

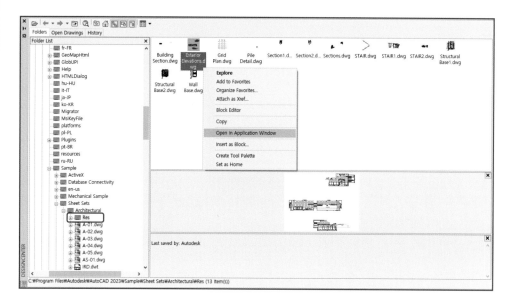

③ 정면도(Front view)를 드래그하여 선택 -> 단축키 [W] 입력 -> Enter를 칩니다.

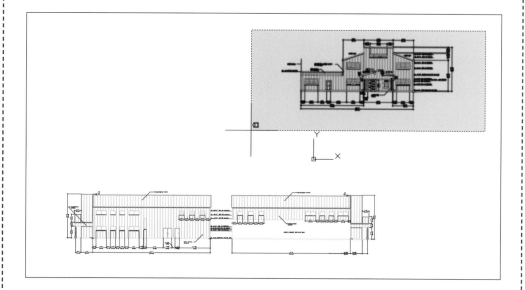

Wblock   외부 블록

4 [Write Block] 창에서

삽입 기준점(Base point), 저장 경로, 파일명을 지정해 줍니다.

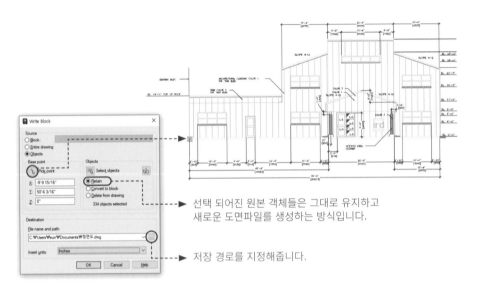

선택 되어진 원본 객체들은 그대로 유지하고
새로운 도면파일을 생성하는 방식입니다.

저장 경로를 지정해줍니다.

따라하며 익히기

* 치수대로 작도하고 외부 블록으로 만들어 보겠습니다.

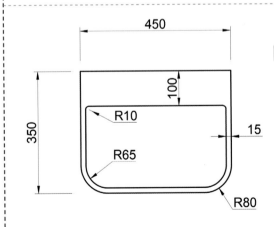

1 작도가 끝나면 완성된 객체들을 선택 ->

단축키 [W] 입력 -> Enter를 칩니다.

2 [Write Block] 창에서

삽입 기준점(Base point), 저장 경로, 파일명을 지정해 줍니다.

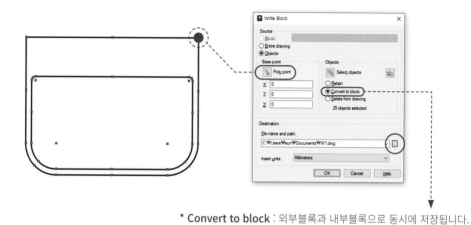

* **Convert to block** : 외부블록과 내부블록으로 동시에 저장됩니다.

블록 파일명 : W1

따라하며 익히기

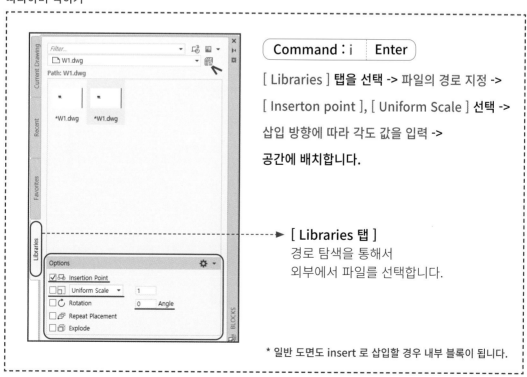

> **Command : i**   **Enter**

[Libraries] 탭을 선택 -> 파일의 경로 지정 ->

[Inserton point], [Uniform Scale] 선택 ->

삽입 방향에 따라 각도 값을 입력 ->

공간에 배치합니다.

[Libraries 탭]
경로 탐색을 통해서
외부에서 파일을 선택합니다.

* 일반 도면도 insert 로 삽입할 경우 내부 블록이 됩니다.

Bedit 블록 편집

01 Block edit / be

따라하며 익히기

1 편집하고자 하는 블록 선택 -> 블록을 더블클릭하거나, 단축키 [be]를 입력 ->

[Edit Block Definition] 창이 열리면 W1을 선택 -> OK를 눌러줍니다.

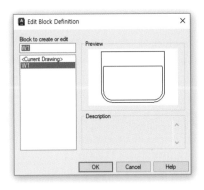

* Block Editor 탭이 활성화 됩니다.

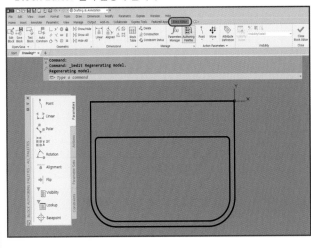
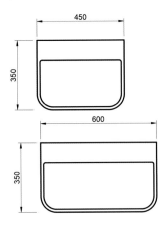

* 가로의 길이를 [450]에서 [600]이 되도록 오른쪽을 [150] 늘려 보겠습니다.

2

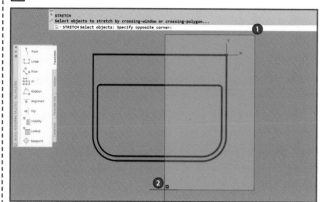

Command : s   Enter

Select objects :

임의의 ❶번 지점을 찍어줍니다.

Specify opposite corner :

임의의 ❷번 지점을 찍고 Enter

3

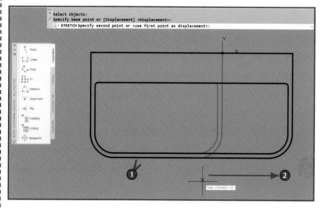

Specify base point :

임의의 ❶번 지점을 찍어줍니다.

Specify second point :

우측 ❷번 방향으로 끌면서

150   Enter

4

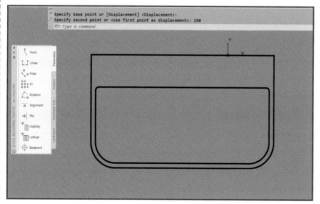

가로의 길이가

450에서 [600]이 되었습니다.

Bedit 블록 편집

5 [Save Block As]로 다른 이름의 블록으로 저장합니다.

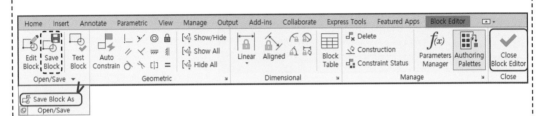

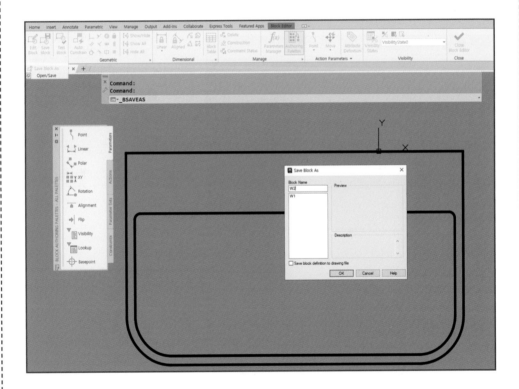

* [Save Block As]로 저장할 경우 W1은 바뀌지 않고 W2 블록이 새로 만들어 집니다.

* [Save Block]을 선택할 경우 W1 블록이 수정됩니다.

: 오른쪽 끝에있는 [Close Block Editor]버튼을 눌러서 **Block Editor** 창을 닫습니다.

* [Authoring palettes]의 [Parameters]에서 [Base point]를 선택하여
  W1블록의 삽입 기준점 위치를 바꿔보겠습니다.

1 편집하고자 하는 블록 선택 -> 블록을 더블클릭하거나, 단축키 [be]를 입력 ->

[Edit Block Definition] 창이 열리면 W1을 선택 -> OK를 눌러줍니다.

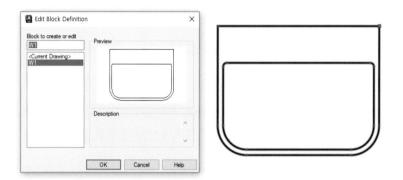

2 * Block Editor 탭이 활성화 됩니다.

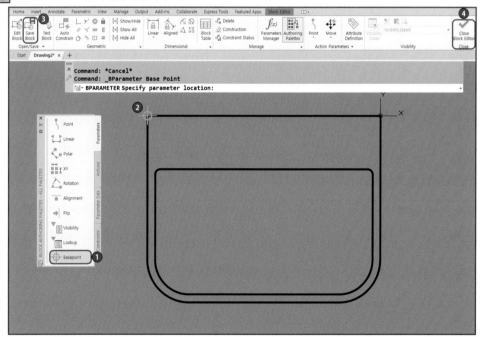

: [Authoring palettes]의 [Parameters] -> [❶번 Base point]를 선택 ->

[❷번 모서리 끝점]을 찍고 -> [❸번 Save Block]을 선택 ->

[❹번 Close Block Editor]을 선택 -> 편집창을 닫아줍니다.

Dynamic Block 동적 블록

01 Dynamic block

■ 일반 블록을 블록 편집창(Block Editor)에서 Authoring Palettes의 parameters 및 Actions
기능을 활용하여 동적 블록화 시키는 것입니다.

따라하며 익히기

* 다양한 동적 블록을 제작하여 사용할 수 있지만 그중에서도 가장 사용빈도가 높은
Visibility(가시성) 매개변수를 활용한 동적 블록을 만들어 보겠습니다.

1 3개의 도형들을 치수대로 작도한 뒤

3개의 도형을 같이 선택하여 일반 블록으로 만들어줍니다. * 단축키 [B]

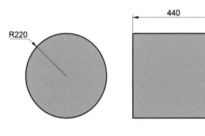
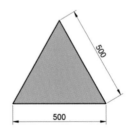

2 블록 생성창의 체크 사항

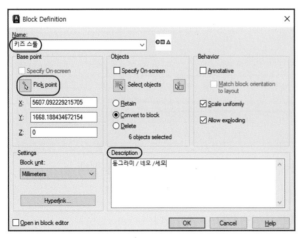

Name : 키즈 스툴

Base point는 원을 기준으로
나머지를 모아서 만들어 줄 것이므로
원 밑의 사분점을
삽입 기준점으로 지정합니다.

Description에는
[동그라미/네모/세모]를 기입합니다.

3 편집하고자 하는 블록 선택 -> 블록을 더블클릭하거나, 단축키 [be]를 입력 ->

[Edit Block Definition] 창이 열리면 키즈 스툴을 선택 -> OK를 눌러줍니다.

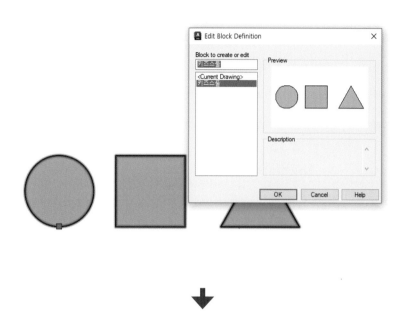

* Block Editor 탭이 활성화 됩니다.

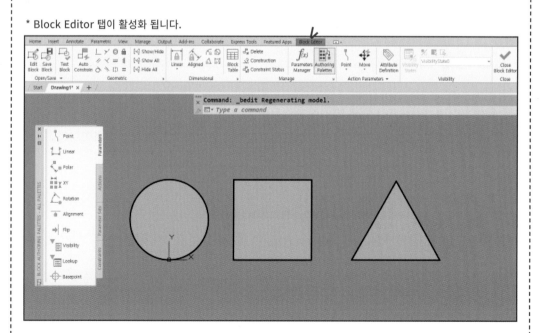

Dynamic Block 동적 블록

4 ❶번 Visibility 매개변수를 선택하고 ❷번 위치에 배치합니다.

Ribbon Menu -> Block Editor Tab -> [Visibility Panel]이 활성화됩니다.

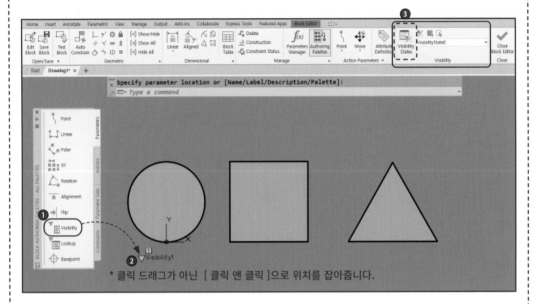

* 클릭 드래그가 아닌 [클릭 앤 클릭]으로 위치를 잡아줍니다.

5 ❸번 Visibility States 창을 열어서 리스트를 만들어 줍니다.

기존 Visibility State0 리스트의 이름은 동그라미로 변경하고 나머지는 추가합니다.

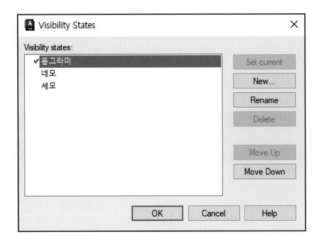

6 Visibility 패널 리스트에서 동그라미를 지정하고 화면에서 네모와 세모를 선택한 뒤
[Make invisible] 버튼을 눌러줍니다. 나머지 네모와 세모도 똑같은 방식으로 진행합니다.

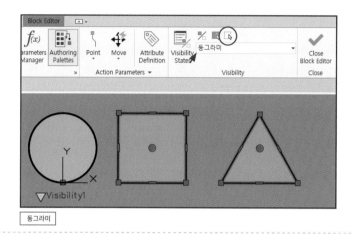

동그라미

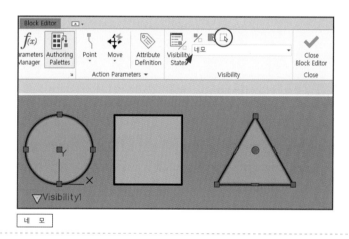

네 모

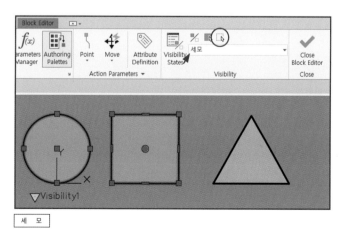

세 모

Dynamic Block 동적 블록

7 [Visibility mode]를 ON하고 희미하게 보이는 네모 세모를 각각 선택하여

동그라미 쪽으로 가져와서 배치한뒤 Visibility mode를 Off 합니다.

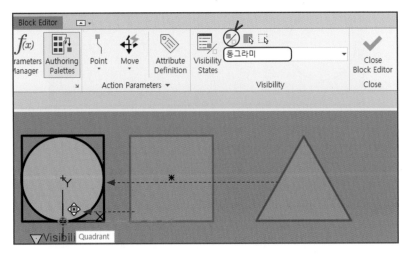

8 매개변수 적용 및 세팅이 끝났다면 [Save block] 버튼 눌러주시고

[Close Block Editor] 눌러서 창을 닫습니다.

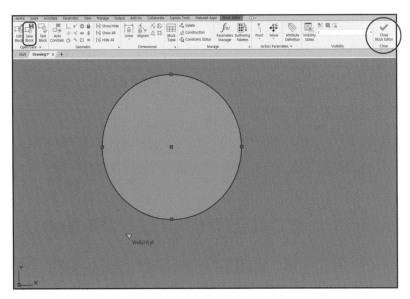

9 편집이 끝난 동적 블록은 리스트 선택이 가능하게 됩니다.

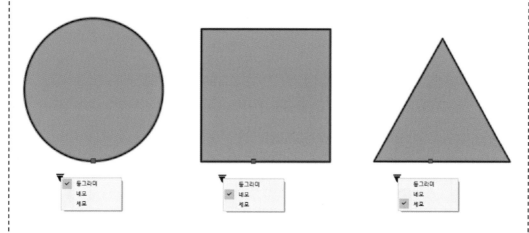

* 블록 편집에서 [Authoring palettes의 parameter(매개변수)]를 활용했을 경우
동적 블록화됩니다.

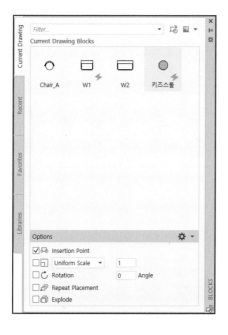

[일반 블록]　　　　[동적 블록]

* 동적 블록은 일반 블록 썸네일과 다르게
우측 하단에 번개모양이 표시됩니다.

* Insert 창에서 확인할 수 있습니다.
(단축키 : i)

Group 그룹 만들기

01 Group / G

: 도면 작업 시 상황에 따라

두 개 이상의 객체나 블록들을

그룹으로 만들어서 조정하게 되면

작업 진행 시 여러 면에서 편리할 수 있습니다.

따라하며 익히기

---

1 [DesignCenter] 창을 열고

샘플 블록 몇개만 가져와서 group과 Ungroup을 실행해 보겠습니다.

[Ctrl+2] 눌러서 DesignCenter 창을 열어줍니다.

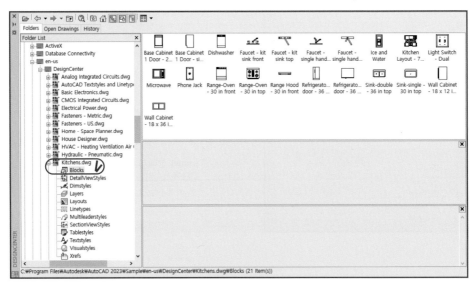

* 해당 경로를 찾아줍니다.
   Autocad202X -> Sample -> En-us -> Designcenter -> kitchens.dwg

---

2 여러 개의 top view 블럭을 작업 공간으로 드래그하여 적당한 위치에 배치합니다.

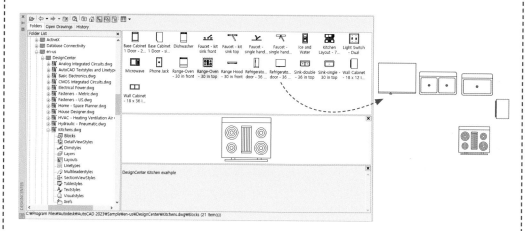

3 해당 블록을 모두 선택하여 그룹으로 만들어 보겠습니다.

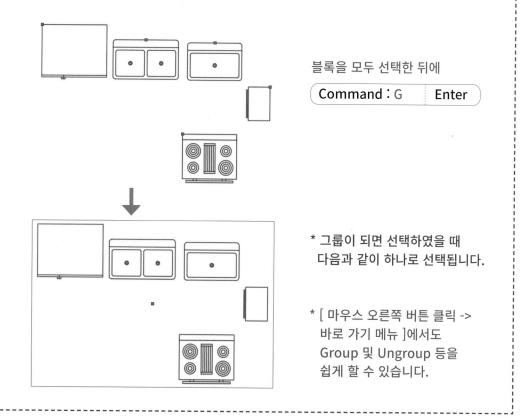

블록을 모두 선택한 뒤에

Command : G	Enter

* 그룹이 되면 선택하였을 때
  다음과 같이 하나로 선택됩니다.

* [마우스 오른쪽 버튼 클릭 ->
  바로 가기 메뉴]에서도
  Group 및 Ungroup 등을
  쉽게 할 수 있습니다.

Text 문자 입력

01 Text Style / Style / st

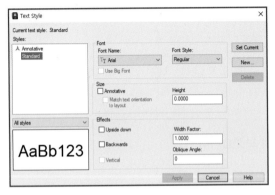

: Text Style 창에서 도면 작업 시
필요한 문자 스타일을 크기별로 만들어 놓고
문자를 입력하는 방법에 대하여
알아보겠습니다.

: 오토 캐드에서 사용하는 문자 형식은
[.shx / .ttf] 확장자 파일입니다.

따라하며 익히기

* 폰트 종류와 크기(Height)를 지정하여 글자 스타일을 몇개 만들어 보겠습니다.

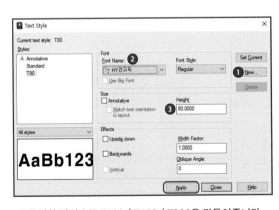

Command : st ⏐ Enter

❶번 New 버튼을 눌러서
Name 은 [**T80**]으로 하고

❷번 Font Name은
[**HY견고딕**]으로 선택합니다.

❸번 Height 값은 [80]을 입력합니다.

Apply를 선택합니다.

* 동일한 방식으로 T100 / T150 / T200을 만들어줍니다.

02 Multiline Text / t

■ 일반적인 문자 입력 방식으로 단일행 및 여러행을 단일 객체로 조정할 수 있으며
자체 문자 편집기를 통하여 일반적인 편집이 모두 가능합니다.

따라하며 익히기

1 리본 메뉴 -> Annotate(주석) 탭 -> Text(문자) 패널에서 현재 문자 스타일을
[T100]으로 지정합니다.

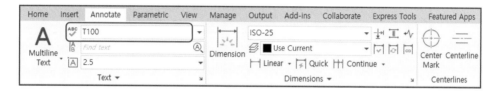

2 Rectangle을 치수에 맞도록 작도하고 예시처럼 문자를 넣어 보겠습니다.

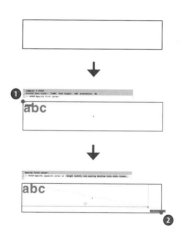

3 Command : t   Enter

직사각형 왼쪽 상단 ❶번 모서리를 찍고 ->

드래그하여 우측 하단 ❷번 모서리를 찍어줍니다.

4 [Justification] 정렬 방식을 [Middle Center]로 바꿔줍니다.

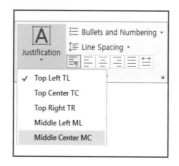

Text 문자 입력

5 문자 [오토캐드 문자넣기] 입력 후 바깥쪽 빈 공간을 클릭하여 완료합니다.

03 Single Line Text / dt

■ 짧은 단일행 기입에 적합하고 자체 편집기가 없으며

[Properties] 속성창에서 문자 크기 및 조정을 할 수 있습니다.

따라하며 익히기

리본 메뉴 -> Annotate(주석) 탭 -> Text(문자) 패널에 현재 문자 스타일을
[T100]으로 지정합니다.

> Command : dt   Enter

start point of text or [Justify / Style]

임의의 시작점을 찍어줍니다.

Specify rotation angle of text < 0 >

> 0   Enter

문자 [오토캐드 문자넣기] 입력 후 Enter를 두번 칩니다.

Textedit / tedit

■ **tedit** : Multiline text, Single Line text를 클릭하여 문자 편집을 합니다.

Multiline text

오토캐드 문자편집

Single Line text

* 기존 문자를 더블 클릭하여 편집을 하므로 [Textedit] 명령어를 따로 사용하지는 않습니다.

05 **특수 문자 입력**

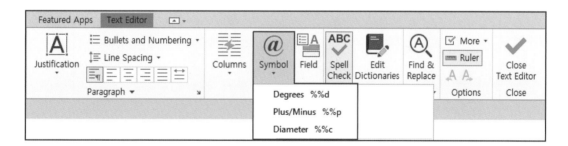

1 **Degrees** (각도) : %% d

2 **Plus / Minus** (공차) : %% p

3 **Diameter** (지름) : %% c

* 문자는 주로 Multiline text (mtext)로 입력하며
  특수 문자 또한 Text Editor의 Symbol에서 선택하여 표기합니다.

Dimension 치수 기입

01 Dimstyle / d

■ 치수는 블록 형태의 단일 객체로써 선, 심볼, 문자 등이
옵션 설정에 따라 유기적으로 조정될 수 있도록 세팅되어 있습니다.

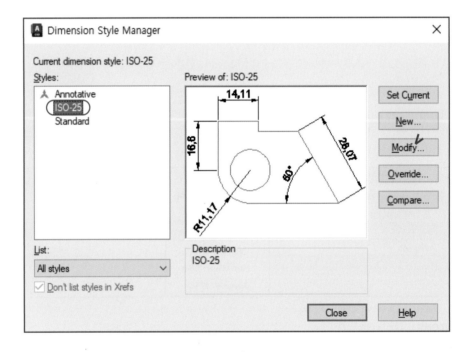

* **iso-25** : 오토캐드 미터법 표준 스타일로 미터법을 사용하는 국내에서는
모든 분야에서 치수 기입 시 각 분야와 상황에 따라
iso-25 스타일을 조금씩 변경하여 사용하고 있습니다.

■ 치수 스타일을 조정할 때 꼭 알고 있어야 하는 주요 변수들이 있습니다.

[Modify]에서 각 탭별로 주로 조정하는 주요 변수들을 알아보겠습니다.

Lines 탭

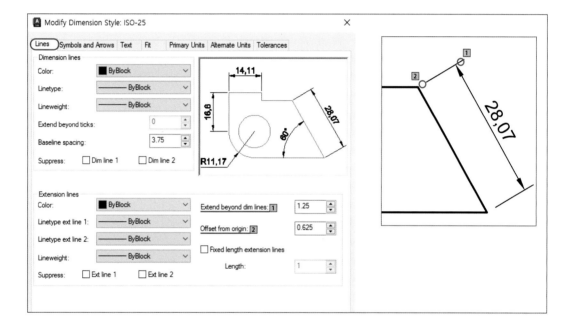

1 Extend beyond dim lines

: 치수 선과 치수 보조선이 만나는 지점에서

치수 보조선을 적당히 연장하여 치수 범위를 확인할 때

전체적으로 안정감을 줄 수 있도록 해줍니다.

(* 1.25 ~ 2 정도의 값이 적당함.)

Dimension   치수 기입

② Offset from origin

: 치수 보조선 끝점과의 간격을 적당히 조정하여

외형선이나 중심선과 간격이 있도록 해야 합니다.

또한 도면을 단색으로 출력하여 형상과 치수를 같이 볼 때에

각각 제대로 구분되어 보이도록 간격 값을 적당히 설정해야 합니다.

(* 객체의 크기나 모양 또는 치수 기입 방식에 따라서 다르지만 보통 2 ~ 5 정도의 값이 적당함.)

Symbols and Arrows 탭

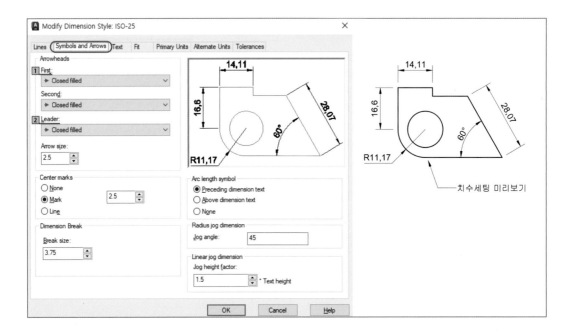

치수세팅 미리보기

1 Arrowheads - First, Second

: 치수선 양 끝에 다양한 형태 중 한가지 심볼을 선택하여 적용합니다.

분야와 목적 쓰임새에 따라 심볼을 선택하게 됩니다.

2 Arrowheads - Leader

: Quickleader(신속 지시선) 사용 시 지시선의 스타일은 현재 치수

스타일과 동일하며, 단일 도면일 때에 Arrowhead의 모양은

현재 치수 스타일과 동일하게 지정되는 것이 바람직합니다.

 * 지시선에는 [Quickleader]와 [Multileader]가 있으며, 자체적으로 스타일 조정 이 가능한
  Multileader와 달리 Quickleader는 자체 스타일 조정이 불가능하여 치수 스타일에서 조정 합니다.

 * 지시선 관련 설명은 SECTION 46.

Text 탭

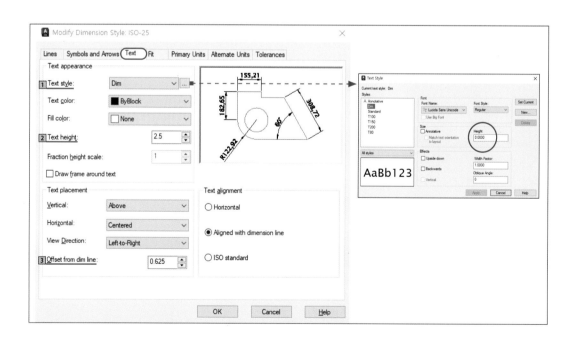

Dimension 치수 기입

1 Text Style

: 치수 스타일 문자 세팅에서 문자의 높이를 조정하므로
  치수에 사용될 문자 스타일을 만들 때에는
  문자 높이 값을 반드시 0 으로 지정해야 합니다.

2 Text height

: 문자의 높이(크기)는 보통 2.5 ~ 3.15 정도로 하며
  화살표 사이즈보다는 조금 크게 해주는 것이 좋습니다.

3 Offset from dim line

: 치수선과 문자 사이의 간격으로 0.625 ~ 1 정도로 지정하는 것이 좋습니다.

Fit 탭

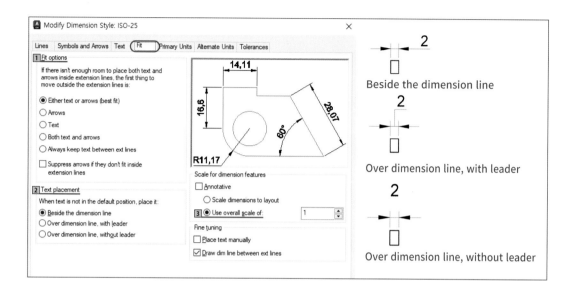

① Fit options

: 양쪽 치수 보조선 사이 안에 문자와 화살표(심볼)가 들어갈 공간이
부족할 경우 둘 중에 하나를 밖으로 빼거나 둘 다 뺄 수도 있습니다.

: 주사용 옵션 : [Always Keep text between ext lines]
치수 보조선 사이의 공간이 부족하더라도 문자가 밖으로 나가지 않도록
할 수 있습니다.

Dimension 치수 기입

2 Text placement

: 문자가 들어가기에는 양쪽 치수 보조선 사이 안의 공간이 부족하여

치수 보조선 밖으로 문자가 자동으로 나가게 되는 경우와

문자를 직접 선택하여 밖으로 뺄 경우에 문자의 위치를 지정할 수 있습니다.

Beside the dimension line (치수선 양옆에 배치)

Over dimension line, with leader (지시선과 치수선 위로 내보내기)

Over dimension line, without leader (지시선 없이 치수선 위로 내보내기)

3 Use overall scale of

: Line, Symbols and Arrows, Text 각각의 사이즈나 간격 설정 값에

동일한 배수 값을 곱하는 것으로 해당 도면(치수를 기입할 형상 크기)에

적당한 치수 스케일 값을 지정해 줍니다.

Primary Units 탭

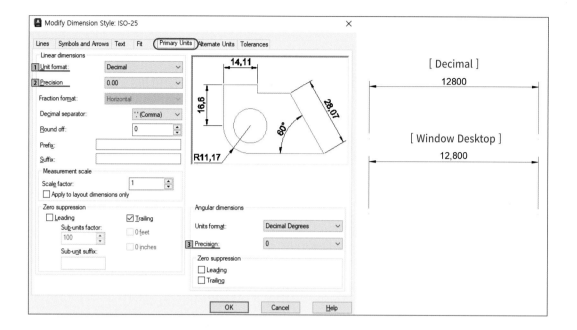

1 Linear dimensions / Unit format

: 단위 체재는 [Decimal or Window Desktop] 타입을 사용합니다.

    Decimal : 10개의 숫자를 가지고 수를 표현하며
                   열배마다 자릿수가 하나씩 올라가는 십진법

    Window Desktop : 소수점 구분 기호, 숫자 그룹화 기호(쉼표)를
                        입력하여 주는 십진법 형식

2 Linear dimensions / Precision : 선형 치수의 소수점 자리지정

3 Angular dimensions / Precision : 각도 치수의 소수점 자리지정

Dimension 치수 기입

03 치수 기입 툴

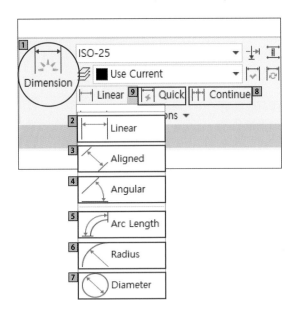

: 리본 메뉴 -> Annotate(주석) 탭 ->
Dimensions(치수) 패널에 있는
치수 기입 도구들에 대하여
알아보겠습니다.

---

1 Dimension / Dim

```
Command: _dim
DIM Select objects or specify first extension line origin or [Angular Baseline
Continue Ordinate aliGn Distribute Layer Undo]:
```

: 다중 타입의 치수 기입이 가능하며, 객체 선택 시 해당 객체의 특성에 따라
그에 맞는 치수 타입이 자동으로 적용 또는 선택도 가능합니다.
양쪽 치수 보조선 끝점을 찍어서
단일 치수 기입 방식과 동일하게 치수를 기입할 수도 있습니다.

2  **Dimlinear / DLi**

: 수평 수직 방향의 치수를 기입할 때 사용합니다.

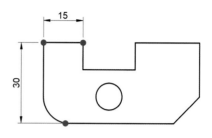

3 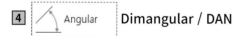 **Dimaligned / DAL**

: 정렬 치수이며 수평 수직이 아닌 기울기가 있는 한 변이나

포인트에서 포인트까지의 거리 값을 형상과 평행하게 기입할 수 있습니다.

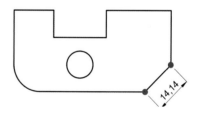

4 Angular **Dimangular / DAN**

: 두변을 각각 선택하여 두변 사이의 각도 값을 기입할 수 있습니다.

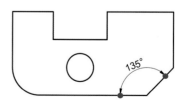

Dimension   치수 기입

5 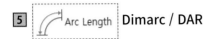 **Dimarc / DAR**

: 호를 선택하여 호의 길이 값을 기입할 수 있습니다.

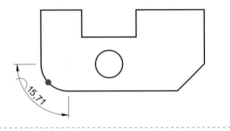

---

6 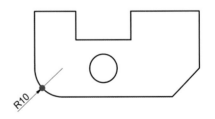 **Dimradius / DRA**

: 원이나 호를 선택하여 반지름 값을 기입할 수 있습니다.

7  **Dimdiameter / DDi**

: 원을 선택하여 지름 값을 기입할 수 있습니다.

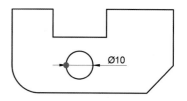

----

8 HH Continue **Dimcontinue / DCO**

: 기존 선형 치수의 치수 보조선을 선택하여

선택한 치수 보조선 방향으로 이어지는 연속 치수를 기입할 수 있습니다.

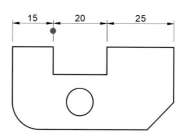

----

9 Quick **QDIM / QD**

: 치수를 기입하고자 하는 형상을 [Crossing selection mode]로 우측에서
좌측으로 드래그하여 선택한 뒤 신속하게 치수를 기입할 수 있습니다.

Dimension 치수 기입

따라하며 익히기

1 제시된 형상을 치수에 맞도록 작도합니다.

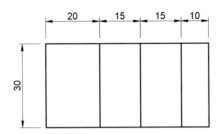

2 상단 왼쪽에 선형 치수(Dimlinear)를 기입하겠습니다.

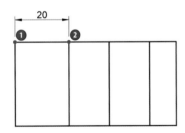

Command : DLi	Enter

Specify first extension line origin :

❶번 지점을 찍어줍니다.

Specify second extension line origin :

❷번 지점을 찍어줍니다.

Specify dimension line location :

치수선의 위치를 잡아줍니다.

3 바로 이어서 연속 치수(Dimcontinue)를 사용하여 치수를 기입하겠습니다.

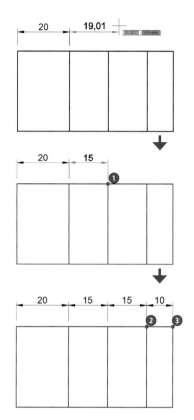

Command : DCO   Enter

Specify second extension line origin :

❶번 지점을 찍어줍니다.

Specify second extension line origin or
[Select/Undo]< select >

❷번 지점을 찍어줍니다.

Specify second extension line origin or
[Select/Undo]< select >

❸번 지점을 찍어줍니다.

Specify second extension line origin or
[Select/Undo]< select >

[ESC] 키를 눌러줍니다.

---

* [Enter] 키 말고 [ESC] 키를 눌러줘야 합니다.

그 이유는 [Enter] 키를 치면 < select >가 실행되기 때문입니다.
여기에서 < Select >는 이어서 기입 하고자하는 치수보조선을 선택하는 것입니다.

Dimension   치수 기입

따라하며 익히기

Command : QD   Enter

Select geometry to dimension :

❶번 지점을 찍어줍니다.

Select geometry to dimension : Specify opposite corner :

드래그하여 ❷번 지점을 찍어줍니다.

Select geometry to dimension :   Enter

Specify dimension line position :

적당히 올려서 위치를 잡아줍니다.

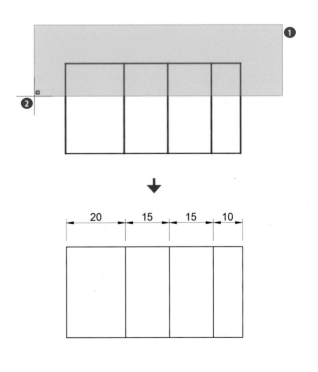

1 주어진 조건대로 도면을 작성하고 치수를 기입합니다.

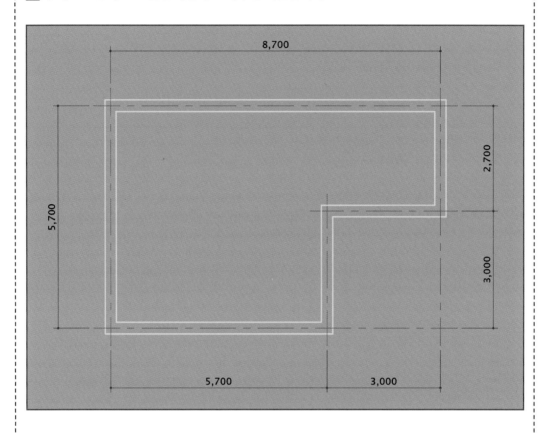

* 조건 : 레이어 작성 - 구조, 중심선, 치수

벽 두께 - 300 (Multiline으로 작성할 것)

도면 전체 선 스케일 / LTSCALE / LTS : 30

Dimension 치수 기입

2 Layer 리스트를 작성해 보겠습니다.

새로운 레이어 생성 후 [레이어 이름, 색상, 선타입]을 지정합니다

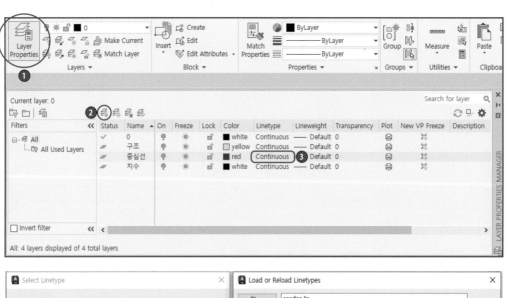

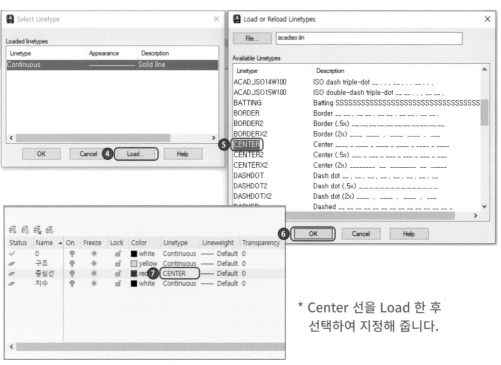

* Center 선을 Load 한 후
선택하여 지정해 줍니다.

3 현재 레이어를 중심선 레이어로 지정한 뒤

Rectangle로 중심선 치수의 전체 영역을 잡아줍니다.

Command : rec Enter

Specify first corner point :

①번 지점을 찍어줍니다.

Specify other corner point :

@ 8700, 5700 Enter

Rectangle을 선택합니다.

Command : x Enter

4개의 선분으로 분해하여 줍니다.

4 Offset으로 간격을 잡아줍니다.

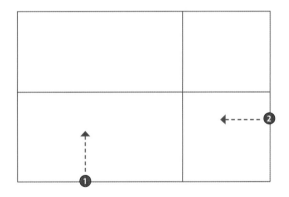

Command : o Enter

Specify offset distance :

3000 Enter

Select object to offset :

❶번 객체를 선택합니다.

Specify point on side to offset :

위쪽 방향을 찍어줍니다.

Select object to offset :

❷번 객체를 선택합니다.

Specify point on side to offset :

왼쪽 방향을 찍어줍니다.

Dimension 치수 기입

---

5 Trim으로 불필요한 부분을 자르기 하여 제거합니다.

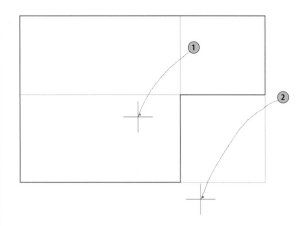

Command : tr　Enter

Select object to trim :

① : 선을 긋듯이 그어줍니다
　　(Fence mode)

② : 선을 긋듯이 그어줍니다
　　(Fence mode)

---

* [Trim] 모드는 [Quick] 타입으로 진행합니다.

Quick 타입은 [Window Selection] 방식이 아닌 [Fence mode] 방식으로
선을 긋듯이 그어서 제거하면 됩니다.

6 현재 Layer를 구조 레이어로 선택합니다.

Multiline으로 간격을 세팅하여 벽을 그려보겠습니다.

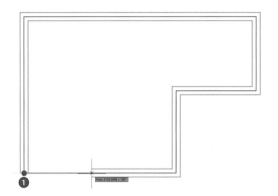

Command : ML | Enter

Specify start point or [Justification / Scale / STyle]

[Scale]를 선택합니다.

Enter mline scale :

300 | Enter

Specify start point or [Justification / Scale / STyle]

[Justification]을 선택합니다.

justification type [Top / Zero / Bottom]

[Zero]를 선택합니다.

Specify start point or [Justification / Scale / STyle]

❶번 끝점을 시작점으로 찍어줍니다.

Specify next point or [Close / Undo]

❶번 끝점을 시작점으로 찍은 뒤
시계 방향으로 각 모서리 지점을 찍고
다시 시작점으로 돌아옵니다.

다시 시작점을 찍기 전에 [Close / Undo]

[close]를 선택합니다.

Dimension 치수 기입

7 Rectangle로 벽 바깥쪽 가장자리 영역을 잡아줍니다.

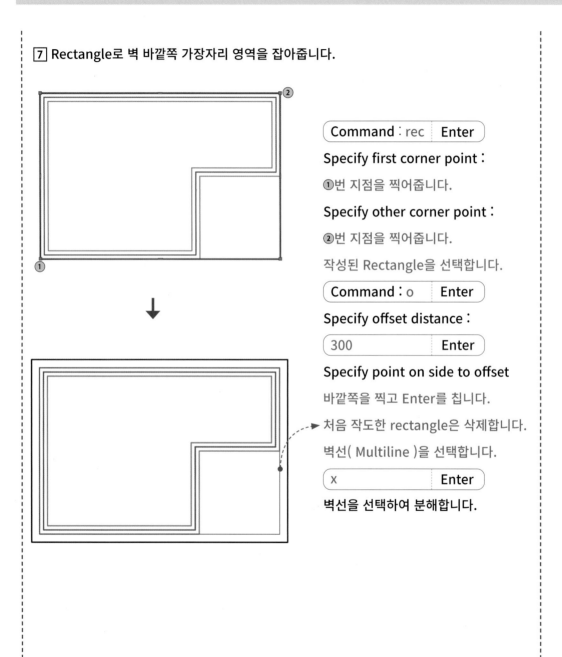

Command : rec Enter

Specify first corner point :

①번 지점을 찍어줍니다.

Specify other corner point :

②번 지점을 찍어줍니다.

작성된 Rectangle을 선택합니다.

Command : o Enter

Specify offset distance :

300 Enter

Specify point on side to offset

바깥쪽을 찍고 Enter를 칩니다.

처음 작도한 rectangle은 삭제합니다.

벽선(Multiline)을 선택합니다.

x Enter

벽선을 선택하여 분해합니다.

8 Extend 툴을 사용하여 지정한 Boundary Edge까지 중심선을 연장합니다.

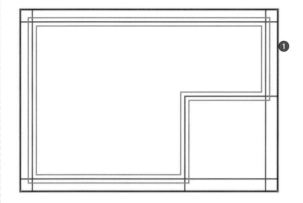

❶번 Rectangle을 선택합니다.

Command : ex   Enter

Select object to extend :

❶번 Retangle과 가까운
중심선 가장자리 부분을 각각 찍어서
중심선을 연장합니다.

❶번 Rectangle은 삭제합니다.

9 Lengthen 툴을 사용하여 중심선 안쪽 길이를 조절합니다.

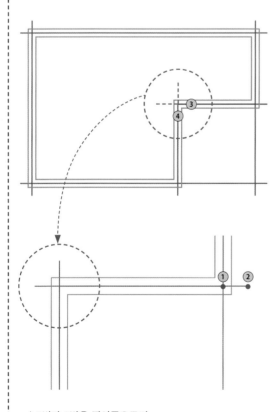

Command : Len   Enter

Select an object to measure or
[Delta / Percent / Total / DYnamic]

[Delta]를 선택합니다.

Enter delta length :

①번 지점을 찍어줍니다.

Specify second point :

②번 지점을 찍어줍니다.

Select an object to change :

중심선 ③번 정도의 지점을 찍어줍니다.

Select an object to change :

중심선 ④번 정도의 지점을 찍고
Enter를 칩니다.

* 1번과 2번을 찍어줌으로써
  1번과 2번 사이의 직선상의 거리 값이 [Delta length]가 되는 것입니다.

Dimension 치수 기입

☑ LTSCALE / LTS 도면 전체 선스케일 조정을 합니다.

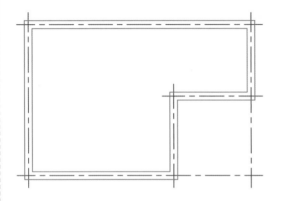

Command : LTS Enter

Enter new linetype scale factor :

30 Enter

Regenerating model.

☑ Dimstyle /D 치수 스타일 세팅을 합니다.

11-1 새 스타일을 생성합니다.

: 1 New -> 2 New Style Name [60] -> 3 continue

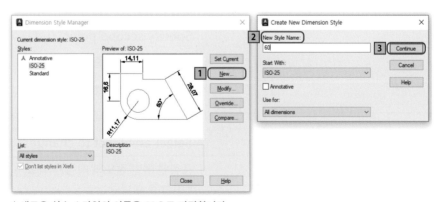

* 새로운 치수 스타일의 이름을 60으로 지정합니다.

11-2 Lines (치수선 및 치수보조선) 체크사항

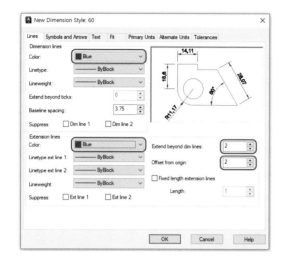

[Dimension line(치수선)]

 - Color : Blue

[Extensiton lines(치수보조선)]

 - Color : Blue

 - Extend beyond lines : 2

 - Offset from origin : 2

11-3 Symbols and Arrows (기호 및 화살표) 체크사항

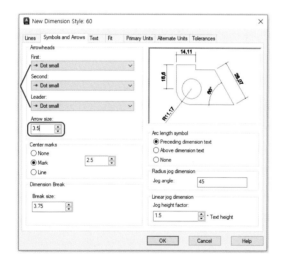

[Arrowheads]

 - First / Second / Leader
                : Dot small

 - Arrow size : 3.5

Dimension   치수 기입

11-4 Text Style 창을 열어서 새 스타일 생성

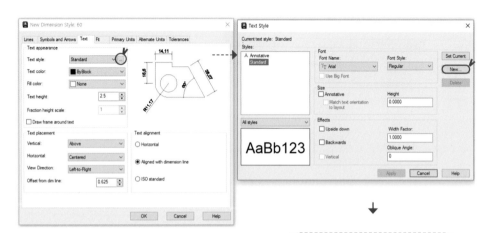

[New Text Style]

- Style Name : dim -> OK

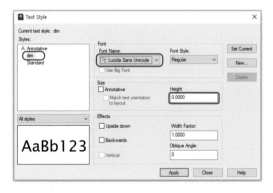

[Text Style]

- **Font Name**
    : [Lucida Sans Unicode]

- **Size / Height** : 0

* Text Height 값을 0으로 하지 않으면
치수 스타일에서 Text Height 값을
입력하거나 조정할 수 없습니다.

11-5 Text (문자) 체크사항

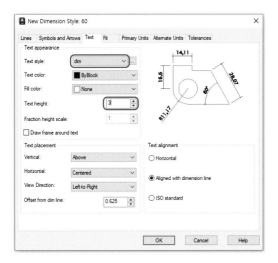

[Text]

- **Text style** : dim

- **Text height** : 3

* Text height 값은 Arrow head
  타입이나 사이즈에 따라서
  적당히 조절하여 줍니다.
  (보통 3~3.15 정도가 많이 사용됩니다.)

11-6 Fit (전체 맞춤) 체크사항

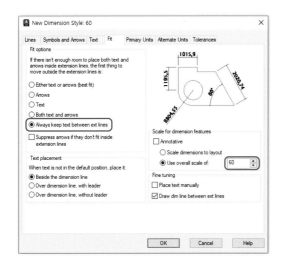

[Fit]

- **Fit options** : [Always keep text
                        between ext lines]

  * 치수 보조선 사이 공간이 부족 하여도
    Text는 치수보조선 밖으로 나가지 않습니다.

- **Scale for dimension features**
        : Use overall scale of -> 60
          (전체 곱하기값)

Dimension 치수 기입

11-7 Primary Units (1차 단위 설정) 체크사항

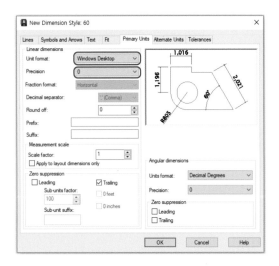

[Primary Units]

- Unit format
  : [Windows Desktop]

- Precision : 0

12 현재 레이어를 [치수] 레이어로 지정하고, 현재 치수 스타일은 [60]으로 합니다.
또한 [Properties] 패널의 모든 속성을 [by Layer]로 지정합니다.

12-1 DimLinear / DLi 선형 치수 활용

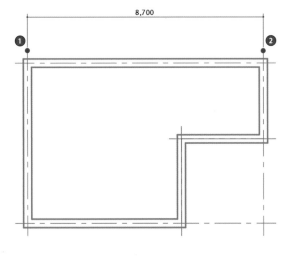

Command : DLi Enter

Specify first
extension line origin :

❶번 중심선 끝점을 찍어줍니다.

Specify Second
extension line origin :

❷번 중심선 끝점을 찍어줍니다.

Specify dimension line location :

적당히 올려서 위치를 잡아줍니다.

12-2 DimContinue / DCO 연속 치수 활용

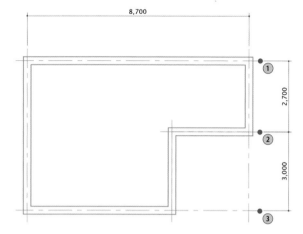

8,700

2,700

3,000

① ② ③

Command : DLi   Enter

Specify first extension line
 origin :

①번 중심선 끝점을 찍어줍니다.

Specify Second extension line
origin :

②번 중심선 끝점을 찍어줍니다.

Specify dimension line
location :

적당히 빼서 위치를 잡아줍니다.

Command : DCO   Enter

Specify Second extension line
origin :

③번 중심선 끝점을 찍고
[ESC] 키를 눌러줍니다.

Dimension 치수 기입

12-3 Quick Dimension / Qdim / QD 신속치수 활용

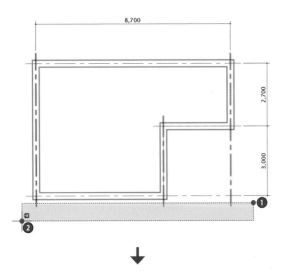

(**Command** : QD ⎪ **Enter**)

Select geometry to dimension :

❶번 지점을 찍어줍니다.
(임의로 지정)

Specify Second extension line origin :

중심선 끝 부분이 Crossing
경계에 들어 오도록 드래그하여
❷번 정도의 지점을 찍어주고
Enter를 칩니다.

❸번 정도의 위치까지 내려서
위치를 잡습니다.

파일명 : 치수기입 예제 1 .dwg 으로 저장합니다.

* 출력 학습에서 [치수기입 예제1] 파일을 사용하도록 하겠습니다.

완성 파일 / P.266.dwg

Memo

Leader 지시선

01 Qleader / Le

■ 오토캐드에서는 Quick leadr 와 Multileader 두가지 지시선 타입이 있는데
  [Quick leader]는 리본 메뉴에서 제외되어 있습니다.

따라하며 익히기

> * 툴 아이콘을 리본 메뉴가 아닌 신속 접근 도구막대(Quick Acess Toobar)에 추가하여
> 필요시에만 아이콘을 활성화할 수 있는 방법에 관하여 먼저 알아보겠습니다.
>
> 툴 아이콘 추가는 [Customize User Interface / cui] 창에서 해주어야 합니다.

1 리본 메뉴, 툴바, 일반 설정 창 등의 내부 구성 및 배치, 아이콘 조정 등은
  [CUI] 창에서 조정합니다.   CUI 창을 열어보겠습니다.

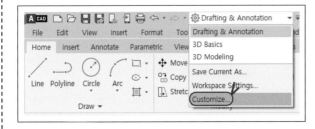

Command : cui   Enter

: 화면 왼쪽 상단에 있는 신속 접근 도구막대의 작업환경(workspace)을 펼쳐서
  [Cutomize] 클릭 또는 단축키 [cui]를 입력하여 창을 열어줍니다.

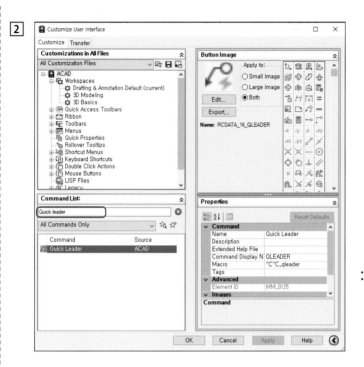

: [Command List]에서
 [Quick leader]를 검색

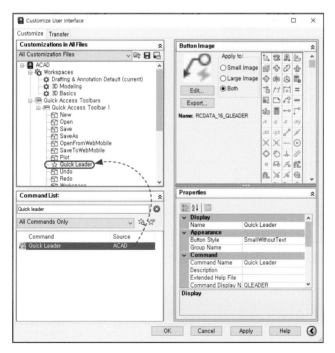

: 툴을 잡아 올려서
 [Quick Acess Toolbar]
 리스트에 넣어줍니다.

Leader 지시선

: 신속 접근 도구막대에 아이콘이 추가되었습니다. **이제 아이콘을 선택하거나**
 단축키 [Le]를 입력하여 지시선을 기입할 수 있습니다.

* 제시된 형상을 치수에 맞도록 작도하고 치수 및 지시선을 기입하겠습니다.

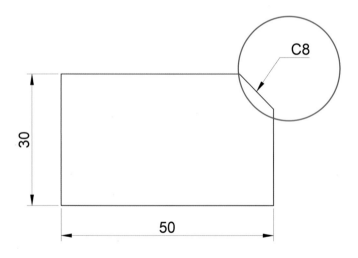

: [C8]에서 [C]는 45도 Chamfer를 의미하며
   숫자 [8]은 Dist 1, 2 값이 8이라는 것입니다.

: [Quick leader]로 기입합니다.

: Qleader는 현재 치수 스타일과 동일한 스타일로 기입하여 사용하도록 되어있습니다.

  즉 자체 스타일을 만들어 사용하지 못합니다.

  (* 하지만 Setting 창을 통해서 기본적인 세팅은 가능합니다.)

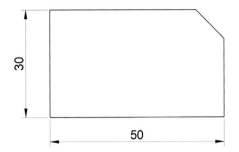

Command ː Le　Enter

Specify first leader point, or [Settings] < settings >

Enter를 치고 Settings창을 열어줍니다.

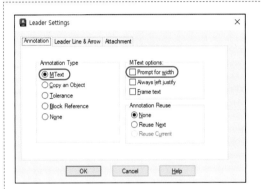

Annotation

- **Annotation(주석)Type ː** Mtext
- **Prompt for width 체크 해제**
  - -> 명령 입력 창에서 width를
    물어보지 않습니다.

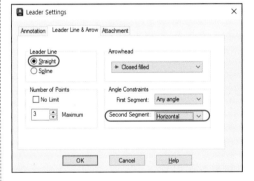

Leader Line & Arrow

- **Leader Line ː** Straight(직선 타입)
- **Second Segment ː** Horizontal
  - -> 두번째 마디의 각도를
    수평으로 구속합니다.

Attachment

- Underline bottom line 체크
  - -> Mtext 밑에 underline이
    들어갑니다.

Leader 지시선

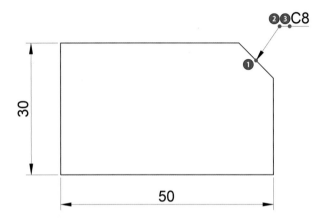

Specify first leader point, or [Settings] <settings>

❶번 midpoint 지점을 찍어줍니다.

Specify next point :

❷번 임의의 지점을 찍어줍니다.

Specify next point :

❸번 임의의 지점을 찍어줍니다.

Enter first line of annotation text <Mtext>

Enter를 칩니다.

C8을 입력하고 바깥쪽을 클릭하여 완료합니다.

02 Multileader / MLD

■ 다중 지시선은 치수처럼 자체적으로 스타일 생성, 스타일 관리가 가능하고

 하나의 지시선에 또 다른 지시선을 추가하여 붙일 수도 있으며 제거할 수도 있습니다.

 또 지시선들의 정렬 및 병합이 가능합니다.

 하지만 단일 도면에서 치수와 같이 기입하여 사용할 때에는

 통일성을 위하여 치수 스타일과 동일하게 세팅하여 사용하는 것이 좋습니다.

따라하며 익히기

---

 * 제시된 형상을 치수에 맞도록 작도하고 치수 및 다중 지시선을 기입하겠습니다.

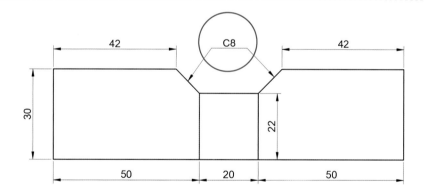

 : [C8]에서 [C]는 45도 Chamfer를 의미하며
  숫자 [8]은 Dist 1, 2 값이 8이라는 것입니다.

 : [Mleader]로 기입합니다.

 : 현재 문제의 치수 스타일은 iso-25 기본 스타일이므로
  기입한 치수와 동일한 스타일로 보일수 있도록 [Mleaderstyle] 창을 열어서
  새로운 스타일을 생성하고, 스타일을 iso-25와 동일하게 맞추어서 기입하도록 하겠습니다.

Leader 지시선

1 [Multileader Style Manager] 창을 열어서 새 스타일을 만들어 보겠습니다.

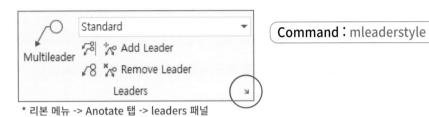

Command : mleaderstyle Enter

* 리본 메뉴 -> Anotate 탭 -> leaders 패널

2 새 스타일의 이름은 치수 스타일과 동일하게 [iso-25]로 하겠습니다.

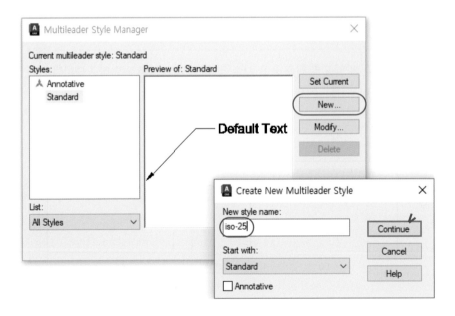

3 [Leader Format] 탭에서는 [Arrowhead] 크기를 4에서 [2.5]로 변경합니다.

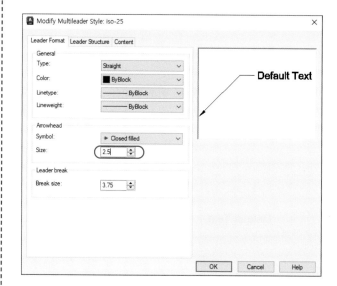

: 치수 스타일(iso-25)의
문자 및 화살표 기본 크기는
2.5로 되어있습니다.

그러므로 지시선의 문자 및
화살표 크기도 동일하게
맞추어 주는 것입니다.

4 [Leader Structure] 탭에서는 [Landing distance] 값을 8에서 [2]로 변경합니다.

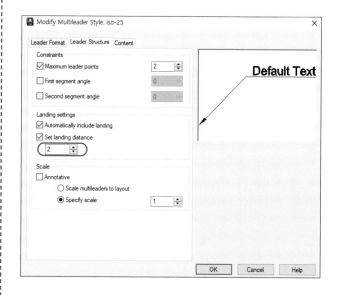

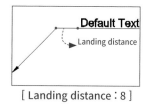

[Landing distance : 8]

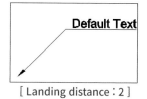

[Landing distance : 2]

Leader 지시선

5 [Content] 탭에서는 [Text height] 값을 4에서 [2.5]로 바꿔주고
[Leader connection]은 Left/Right attachment를 [Underline bottom line]으로,
[Landing gap]은 2에서 [0] 으로 변경해 줍니다.

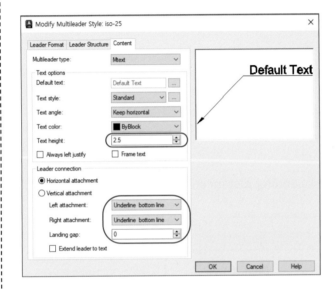

: [Landing gap]

지시선 두번째 마디 끝에서
문자 사이의 간격입니다.

* 스타일 세팅이 끝났으므로
형상 작도와 치수 기입을 완료하고 다중 지시선을 기입하겠습니다.

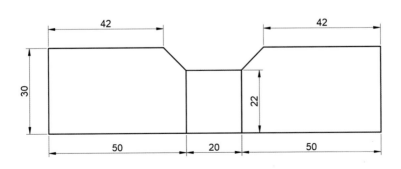

1 다중 지시선으로 45각도 Chamfer 치수를 기입해 보도록 하겠습니다.

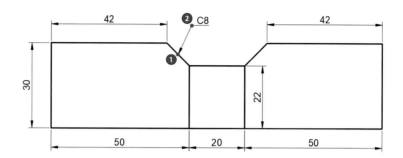

| Command : MLD | Enter |

Specify leader arrowhead location :

❶번 중간점 정도를 찍어줍니다.

Specify leader landing location :

적당히 올려서 임의의 ❷번 지점을 찍어주고
대문자 C8을 입력합니다.

그리고 바깥쪽 클릭하여 완성합니다.

Leader 지시선

2 기존 지시선에 [Add leader] 지시선 추가를 해보겠습니다.

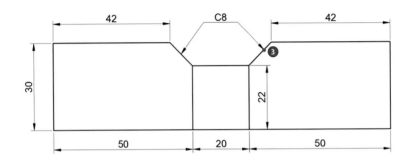

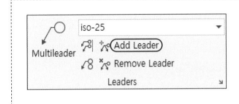

: 리본 메뉴 -> Annotate(주석) 탭
-> Leaders -> [**Add Leader**]

[Add Leader] 버튼을 눌러줍니다.

Select a multileader :

C8 다중 지시선을 찍어줍니다.

Specify leader arrowhead location :

❸번 지점을 찍어주고 Enter를 칩니다.

C8 문자를 움직여서 위치 조정을 합니다.

Memo

_____

_____

_____

_____

_____

_____

_____

_____

_____

_____

_____

_____

_____

_____

_____

_____

_____

Table 표 만들기

01 Table

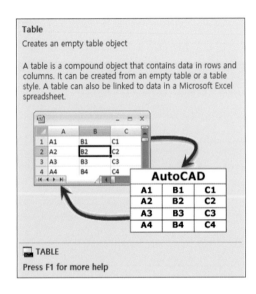

: 도면에 있는 여러 기호나 집기 또는
  특정한 형식의 기입, 표기 부분 등을
  표 형태로 만들어 도면상에 배치합니다.

: 보통은 간단한 범례표 정도를 만들게
  되는데 상황에 따라서 엑셀 프로그램
  에서 작성한 시트파일 전체 또는
  특정 영역을 지정한 뒤 현재 도면에
  삽입하여 사용할 수도 있습니다.

02 Insert Table / tb

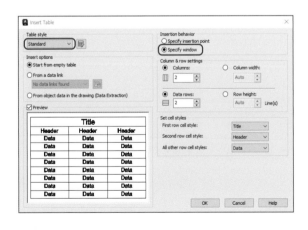

: 일반적으로 [Standard]를
  주로 사용하며
  [Specify window] 방식으로
  드래그하여 표의 전체 크기를
  잡아줍니다.

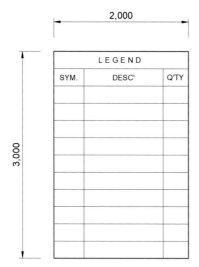

: 왼쪽 표와 동일하도록 치수와 형식을
세팅하여 표를 작성해 보겠습니다.

따라하며 익히기

1 다음과 같이 세팅합니다.

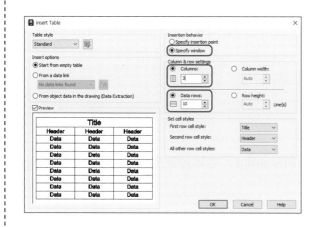

Command : tb   Enter

[insertion behavior
        (삽입 방식)]
- Specify window

[Column & row settings
        (열과 행 세팅)]
- Columns : 3
- Data rows : 10
* Title과 Header를 제외한 Data 행

Table   표 만들기

2 일반적으로는 도면 전체 스케일 그리고 해당 범례표의 크기와 배치 등을 고려해서
적당한 크기로 드래그하여 잡아줍니다.

하지만 이번에는 선이나 직사각형으로 제시된 표의 치수와 같은 틀을 그려놓고
그 위에 표를 덧대어 그리거나 상대 좌표값을 입력하여 그려보도록 하겠습니다.

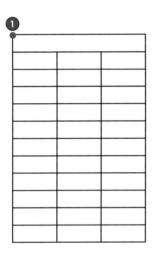

Specify first corner :

❶번 지점을 임의로 찍어줍니다.

Specify second corner :

| @ 2000, -3000 | **Enter** |

표가 그려진 다음 ESC키를 두번 눌러줍니다.

* 셀의 높이와 기본 문자 크기가 맞지 않으므로
일단 표 밖으로 빠져나가는 것입니다.

3 표의 선 부분을 클릭한 뒤에 파란색 Grip point를 잡고 움직여서 열 간격을 맞춰줍니다.

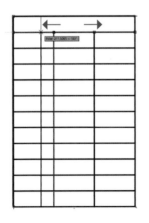 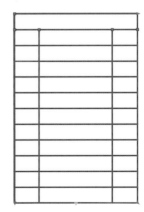

4 셀 하나의 안쪽을 클릭하고 속성창에서 높이를 보면 250 정도인 것을 알 수 있습니다.
그러므로 셀 전체를 드래그하여 선택한 뒤 문자의 크기는 셀 높이의 1/3 정도인
80으로 지정하고 셀 안의 정렬은 Middle Center로 하겠습니다.

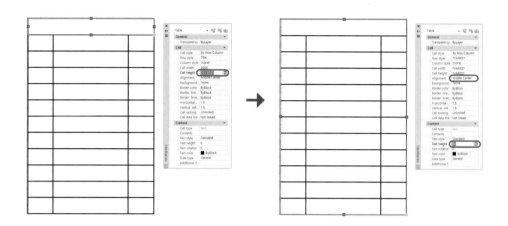

5 셀을 클릭하여 문자를 기입하고 완료합니다.
타이틀은 자간 조정을 해줍니다.

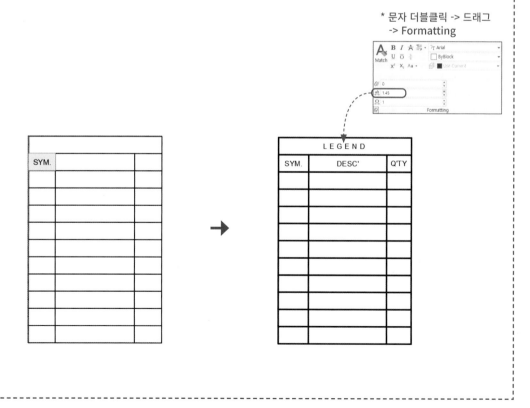

Plot 단일 출력

01 Model Space 모형 공간 출력

: Model(모형) / Layout(배치 공간)에서
출력을 할 수 있습니다.
오토캐드 왼쪽 하단에 Model / Layout
화면전환 탭이 있습니다.

: 리본 메뉴 -> Output 탭 -> **Plot** (단일출력)을 선택합니다.

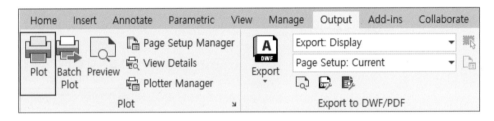

⬇

* Plot 출력 설정창이 열립니다.

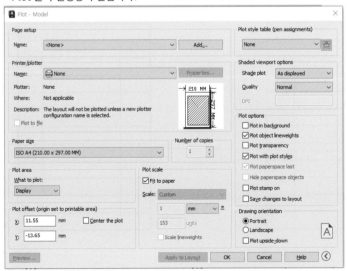

따라하며 익히기

1 먼저 치수대로 작도합니다.
  안쪽 선 4개를 Join 툴로 결합하여 단일 Polyline으로 만들고
  더블클릭하여 Width 값을 1.5로 조정합니다.
  (*Line width는 폴리선에서만 적용이 가능합니다.)

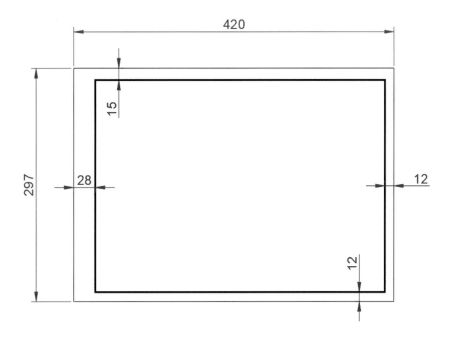

- Join툴 단축키 : [J]
- Pedit 폴리선 편집 단축키 : [PE / 더블클릭]

Plot 단일 출력

2 도면틀을 선택하고 [Wblock / W] 입력하여 외부 블록 생성창을 열어준 뒤
기준점 지정 및 저장 경로를 지정하고 이름은 [도면틀]로 하여 바탕화면에 저장합니다.

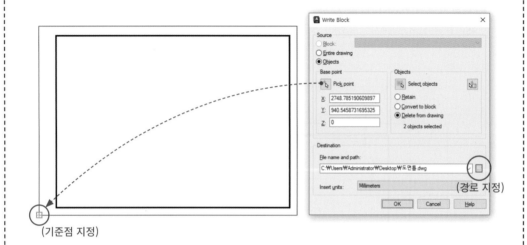

(기준점 지정)

(경로 지정)

3 Section45에서 저장했던 [치수 기입 예제 1.dwg] 파일을 열어줍니다.

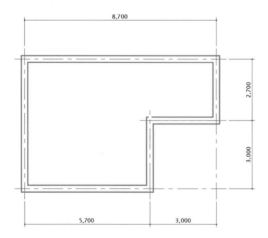

4 [Insert] 명령으로 바탕화면에 저장해둔 [도면틀] 블록 파일을 불러와서 삽입합니다.

Command : i   Enter

❶Libraries -> ❷폴더검색 버튼 -> ❸파일선택

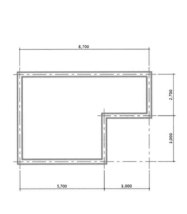

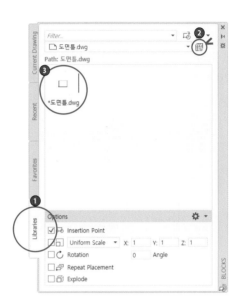

5 스케일 값을 50으로 변경하고
작업 화면으로 드래그하여 도면틀 안에 도면이 들어올 수 있도록 위치를 잡아줍니다.

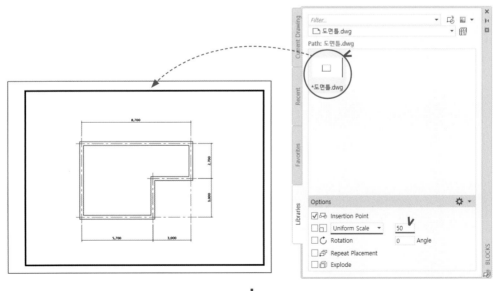

Plot 단일 출력

[6] 모형 공간에서 출력 시 형상은 실제 사이즈 그대로이며 사이즈 변경을 하지 않습니다.

A3 용지에 출력한다고 가정하였을 때

420 x 297 사이즈로 만든 도면틀을 50배 크게 하여 삽입하면

A3 용지로 출력 시 스케일은 1/50 이 되는 것입니다.

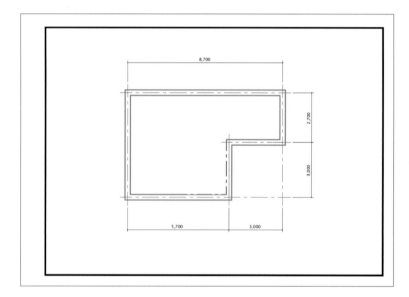

7 [Plot / Ctrl+P] 창을 열어줍니다.

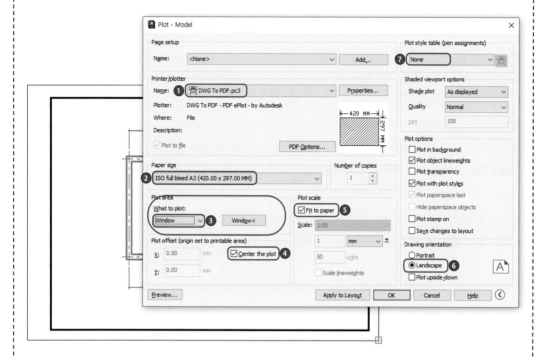

❶ PDF 파일로 만들기 위해 프린터 목록에서 [**DWG TO PDF**]를 선택합니다.

❷ 용지 사이즈는 [**ISO full bleed A3 (420x297)**]를 선택합니다.

    * [ISO full bleed A3 (420x297)] 용지는 여백 설정값이 0으로 되어있으므로
      출력 영역을 잡아줄 때에 도면틀 바깥쪽 경계를 잡아주면 됩니다.

❸ 출력 영역 지정 방식을 선택할 수 있으며
  [**Window**]를 선택,
  모서리 끝에서 모서리 끝까지 드래그하여
  출력 영역을 지정해 줍니다.

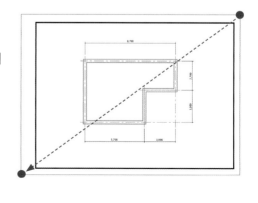

Plot 단일 출력

❹ [**Center the plot**] Window 방식으로 잡은 영역을
　　　　　　　　　　선택한 용지의 정중앙에 배치하는 것입니다.

❺ [**Fit to paper**] 선택한 출력 영역을 선택한 용지에 배치하려면
　　　　　　　　　몇 배를 줄이거나 키워야 할지를 프로그램이 자동으로 값을 찾아줍니다.

　* 출력 영역이 용지보다 크다면 축척이 됩니다. (1 / 배수)
　* 출력 영역이 용지보다 같거나 작다면 1 : 1 출력이거나, 배척이 됩니다. (배수 / 1)

　* 스케일 자로 측정이 가능하려면
　　1/2, 1/3...1/20, 1/30...1/200, 1/300...처럼 끝이 한자리거나 0, 또는 00으로 끝나도록 해야 합니다.

❻ [**Drawing orientation**] 도면 방향은 Landscape 가로방향을 선택합니다.

❼ [**Plot style table**]은 출력 시 객체의 속성, 즉 [색상, 선종류, 선 가중치 등]을
　어떠한 스타일로 출력할 것인지를 표 형태로 만들어서 저장하고 사용하는 것입니다.

　* **스타일은 2가지 종류가 있습니다.**
　　- .CTB : 색상 종속 플롯 스타일 테이블
　　- .STB : 명명된 플롯 스타일 테이블

　* 객체나 레이어 별로 출력 스타일을 각각 지정하기에는
　　같은 객체(Line)의 수가 비교적 많고, 레이어 사용도 많아지므로
　　색상에 의한 출력 속성 조정. 즉 **CTB** 형식을 사용하는 것이 좀 더 효율적입니다.

1 새로운 출력 스타일을 만들어 보겠습니다. [New]를 선택합니다.

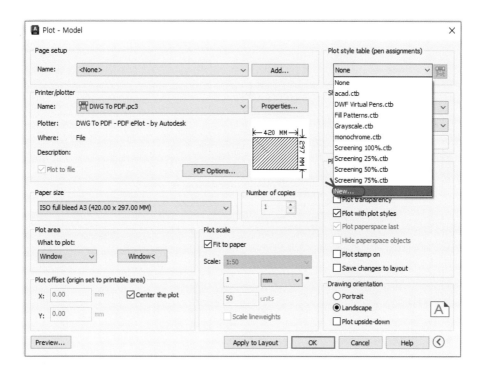

2 새 플롯 스타일 표를 처음부터 만들어 보겠습니다.

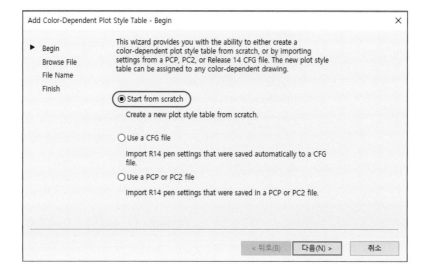

Plot 단일 출력

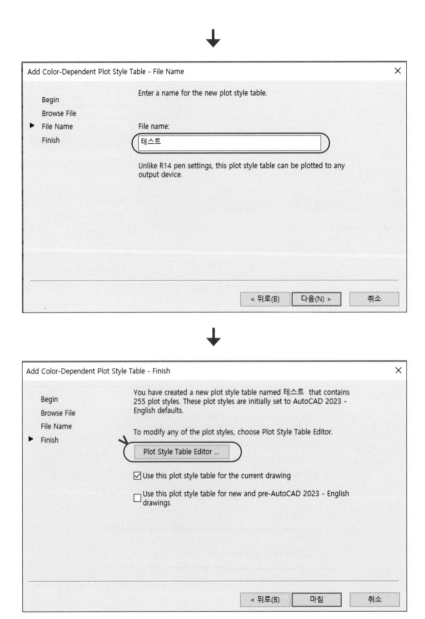

3 도면 제작 시 사용한 색상 또는 모든 색상을 선택하여 검정색으로 출력 색상을 지정하고
선 가중치 값을 각각 색상별로 조정합니다.

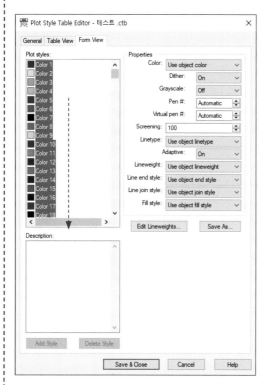
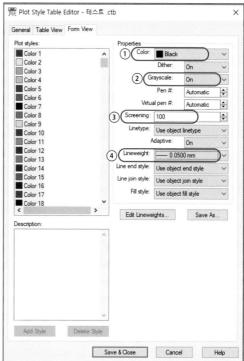

① 검정색을 지정해 주면 출력 색상이 검정색이 됩니다.

② [Grayscale]이 [ON] 되어있으면
   Screening 값에 따라서 회색으로 보이도록 할 수 있습니다.

③ [Screening] 값이 100이면 100% 검정색으로 보입니다.
                    50이면 50% 중간 회색으로 보입니다.

④ 선 가중치 값은 출력 스케일과 선의 밀도에 따라 다르게 설정되며
   보통 [가는 선은 **0.05** / 중간선은 **0.1~0.2** / 굵은 선은 **0.3~0.4**] 정도입니다.

Plot 단일 출력

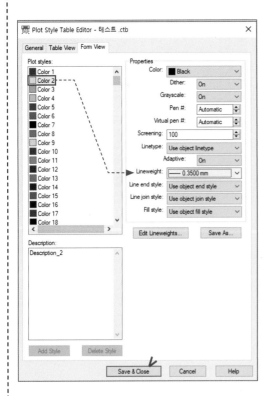

: 모든 색상의 선 가중치 (Lineweight) 값은
--------0.05mm(가는 선)으로 지정한 다음
각 색상별로 조정을 합니다.

: Color 2 (Yellow) 컬러는 Lineweight 값을
--------0.35mm

: Color 1 (red) 컬러는 Lineweight 값을
--------0.1mm으로 각각 지정합니다.

* 선 가중치 차이를 주게 되면
모든 색이 동일하게 검정색으로 출력이 되어도
도면을 봤을 때 선들 간의 거리차를 느낄 수 있으며
강약으로 인한 도면 자체의 입체감도
줄 수 있기 때문입니다.

④ Preview(미리 보기)를 통해서
선 가중치 값이 적당한 지를 확인하고
조정합니다.

조정이 끝나면 OK 버튼을 눌러서
PDF 파일로 저장합니다.

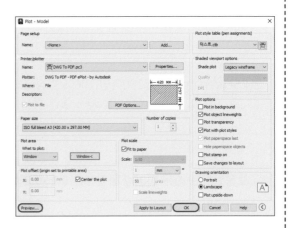

5 PDF 파일을 확대하여 선 가중치 차이를 확인합니다.

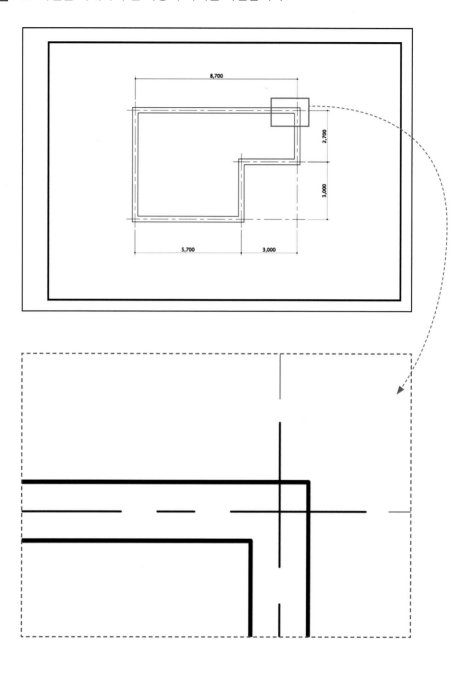

Batch Plot 다중 출력

01 Page Setup Manager

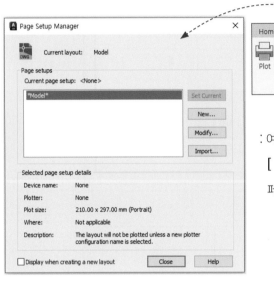

: 여러 페이지를 순서대로 출력하기 위해서는

[Page Setup]을 통하여

페이지별로 출력 영역을 지정해 주어야 합니다.

따라하며 익히기

---

1 치수대로 3개의 도형을 작도합니다.   * 치수 기입은 생략합니다.

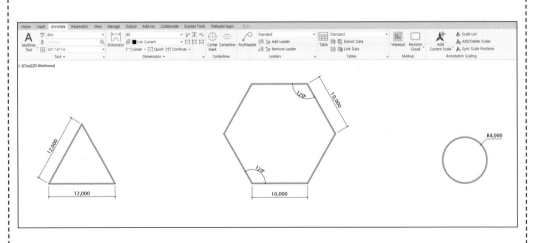

---

2 [Insert] 명령으로 바탕화면에 저장해둔 [도면틀] 블록 파일을 불러와서 삽입합니다.
 [Uniform Scale : 60] 입력 후 드래그하여 정삼각형이 안으로 들어오도록 배치합니다.

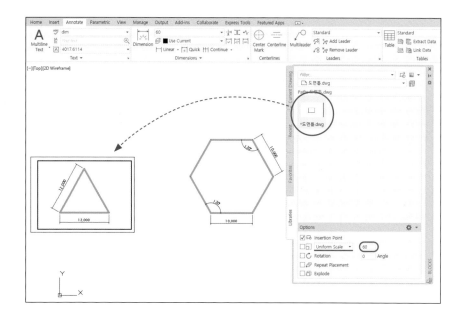

3 [Uniform Scale : 100] 입력 후 드래그하여 정육각형이 안으로 들어오도록 배치합니다.

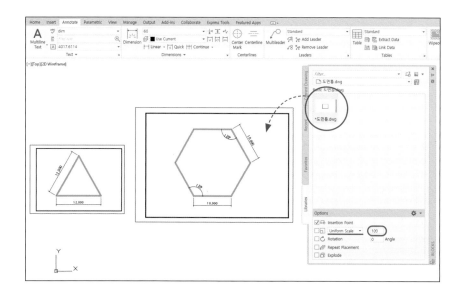

Batch Plot   다중 출력

4 [Uniform Scale : 40] 입력 후 드래그하여 원이 안으로 들어오도록 배치합니다.

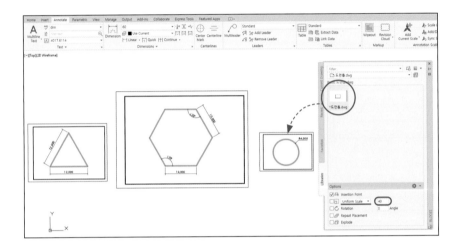

5 리본 메뉴 -> Output 탭 -> [Page Setup Manager] 창을 열어줍니다.

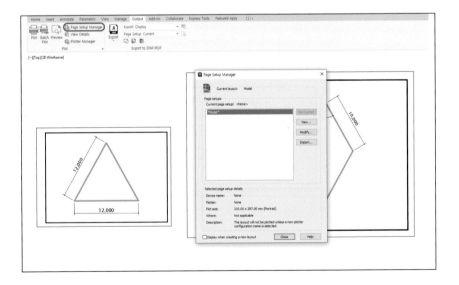

6 새로운 페이지 영역 설정을 하기 위해   New -> New page setup name ：
　[1_정삼각형]을 입력하여 줍니다.

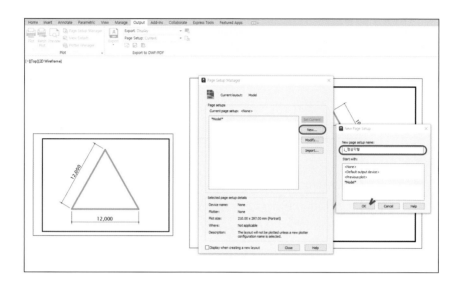

7 Page Setup - Model 창이 열리면 다음과 같이 세팅합니다.
　드래그하여 window 영역을 잡아주고 OK 눌러줍니다.

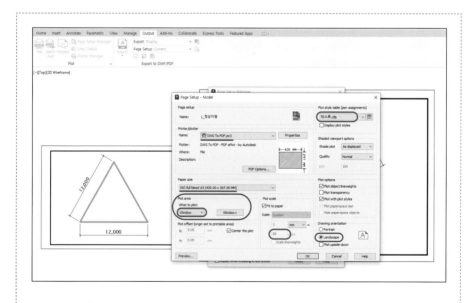

Batch Plot 다중 출력

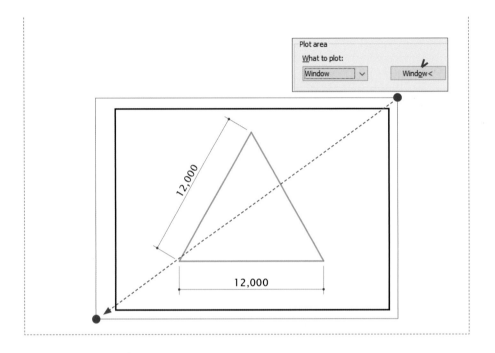

8 새로운 페이지 영역 설정을 하기 위해 New -> New page setup name :
[2_정육각형]을 입력하여 줍니다.

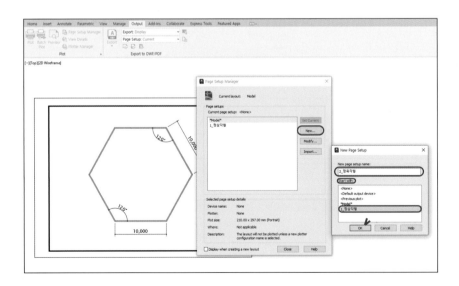

9 [Page Setup - Model] 창이 열리면 다음과 같이 세팅합니다.
드래그하여 window 영역을 잡아주고 OK 눌러줍니다.

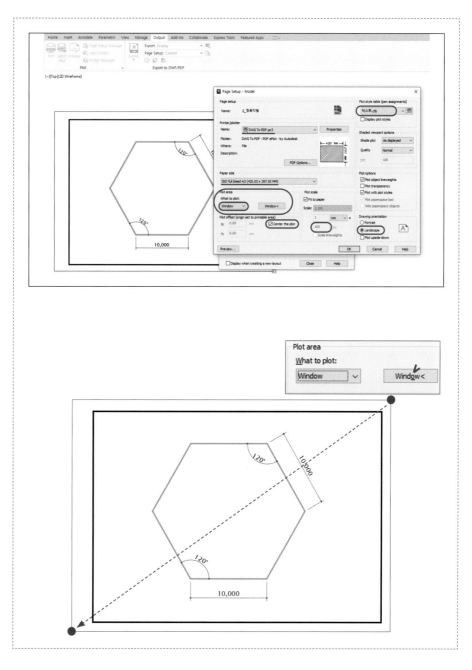

Batch Plot 다중 출력

10 [3_원] 페이지도 똑같은 방식으로 세팅해 주고 저장합니다.

* Page Setup이 되었으므로 [Batch plot]이 가능합니다.

11 [Batch plot]을 실행합니다.

Model 공간에서 세팅한 페이지만 출력할 것이므로 Layout은 리스트에서 제거합니다.

* 출력할 도면의 모형 공간만 남기고 나머지는 제거합니다.

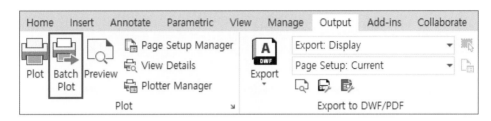

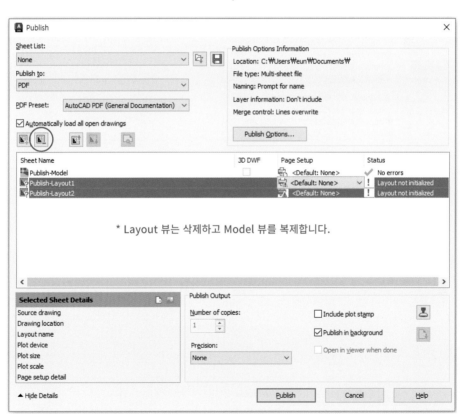

* Layout 뷰는 삭제하고 Model 뷰를 복제합니다.

Batch Plot   다중 출력

12 [Copy Selected Sheets]를 선택하여 동일한 Sheet를 2개 복사합니다.

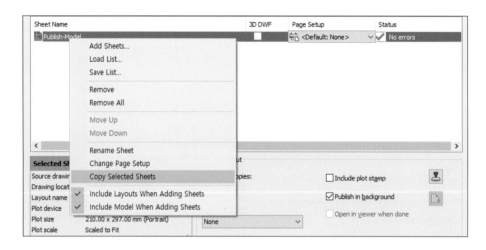

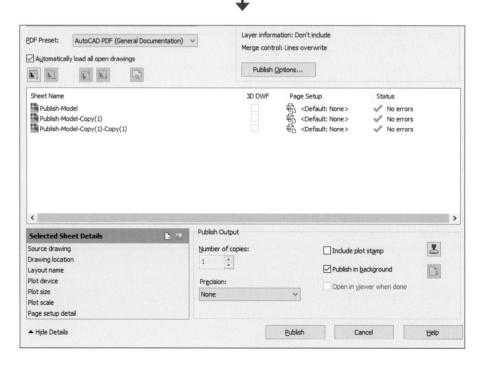

13 Sheet 별로 Page Setup 페이지를 지정해 줍니다.

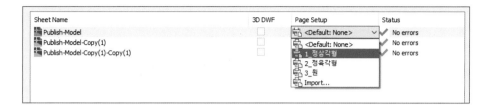

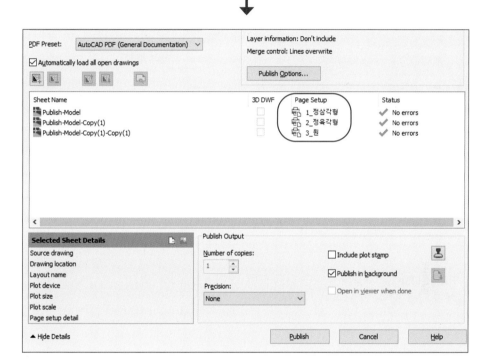

Batch Plot   다중 출력

14 중요한 설정 부분을 알아보겠습니다.

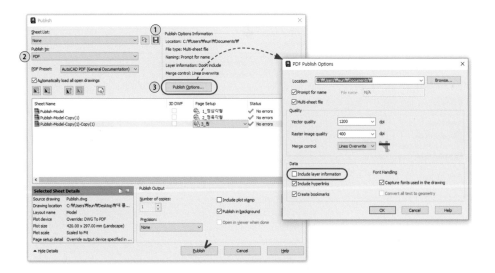

① [**Sheet List**]를 저장해 놓으면 다음 출력 시 리스트를 불러와서
쉽게 출력을 할 수 있습니다.

② [**Publish to**] 어떠한 형식으로 내보내기 할 것인지를 지정합니다.

- **Plotter named in page setup** : 페이지 세팅 시 지정한 프린터로 한 페이지씩
  순서대로 출력합니다.

- **PDF** : 지정한 프린터와 상관없이 페이지로 되어있는 PDF를 만들 수 있습니다.

③ [**Publish option**] 창에서 [include layer information] 체크 해제하면
[Layer list]는 따로 저장되지 않으므로 파일 생성도 빨라지고 용량도 작아집니다.

*세팅이 끝나면 [Publish] 버튼을 눌러 내보내기 한 후에 확인해 봅니다.
출력 리스트 파일(.DSD)은 페이지 셋업 후 반드시 저장을 해주어야만 저장이 가능합니다.

Memo

Layout Plot   배치 공간 출력

01   Layout Space 배치 공간 출력

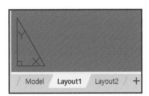

: 모형 공간에서 작도된 형상 또는 참조 유형으로
 가져온 파일 등을 배치 공간에 배치하여
 출력하는 방식입니다.

: 배치 공간에서 직접 작도하거나
 외부 파일을 삽입하여 출력할 수도 있습니다.

따라하며 익히기

1 제시된 형상 3개를 모형 공간에서 작도합니다.

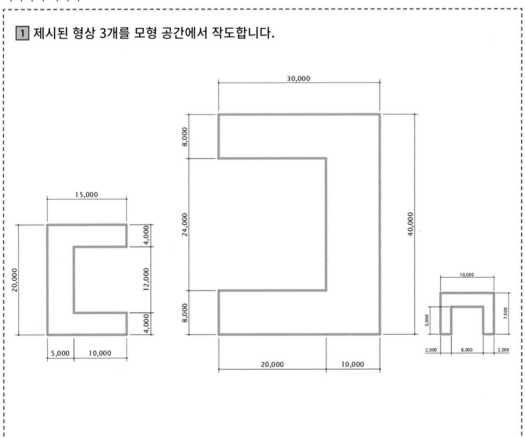

2 Layout 탭을 눌러서 배치 뷰를 활성화하고, 배치 뷰 요소를 살펴보겠습니다.

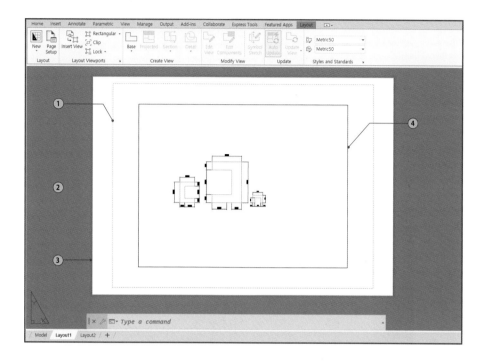

* Option / op

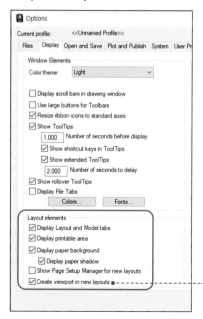

① [**Printable Area**] : 출력 가능 영역

② [**Paper background**] : 용지 배경

③ [**Paper shadow**] : 용지 그림자

④ [**Create viewport**] : 모형 공간 뷰포트 자동 생성

배치 공간에서 모형 공간에 있는 형상을 출력하려면
배치 공간으로 형상을 직접 가져오는 것이 아니고
배치 공간에서 모형 공간을 볼 수 있고
제어할 수 있는 뷰포트를 생성해야 합니다.

* ④번처럼 뷰포트가 생성되어 있으므로
일단 선택하여 제거하고
다시 만들어 보도록 하겠습니다.

Layout Plot   배치 공간 출력

3 뷰포트 제거 및 배치 공간 화면 표시 요소들도 체크 해제하고
배경색을 모형 공간과 동일하게 바꿔줍니다.

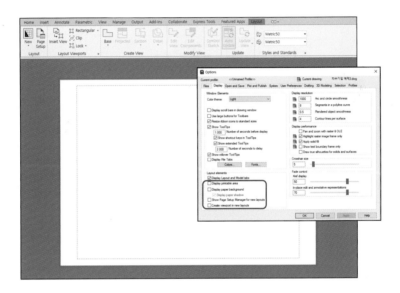

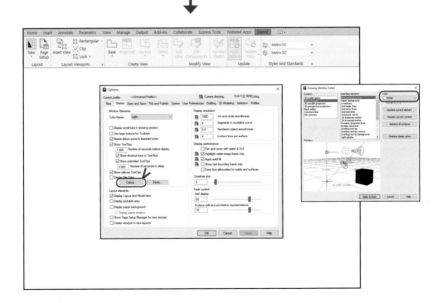

4 [Insert] 명령으로 바탕화면에 저장해 둔 [도면틀] 블록 파일을 불러와서 삽입합니다.

Command : i   Enter

* ❶Libraries -> ❷폴더검색 -> ❸파일선택

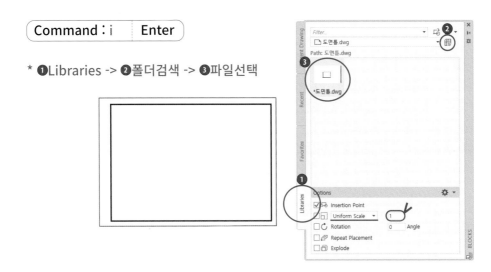

* 스케일은 Uniform Scale , 1(1 : 1)로하여 원하는 위치에 배치합니다.

5 [Mview / mv]로 뷰포트를 생성하거나
리본 메뉴 -> Layout 탭 -> Layout viewports 패널에 있는 [Insert view]
또는 [Rectangular]로 뷰포트 생성을 할 수 있습니다.

단축키 [mv]를 입력하여 직사각형 뷰포트를 생성해 보겠습니다.

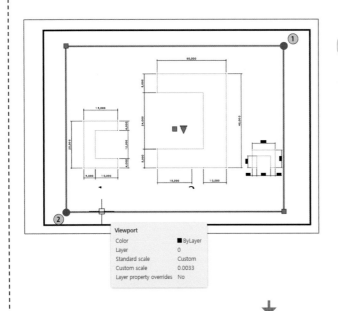

Command : mv   Enter

* ① 번에서 ② 번으로
임의로 드래그하여
직사각형 뷰포트를 생성합니다.

Layout Plot 배치 공간 출력

6 생성된 [Mview(viewport)] 안을 보면 모형 공간이 보입니다.
뷰포트 안쪽을 더블 클릭하면 모형 공간 안으로 들어갈 수 있고
모형 공간 편집이 가능합니다.
배치 공간으로 다시 돌아오려면 뷰포트 바깥쪽을 더블클릭하면 됩니다.

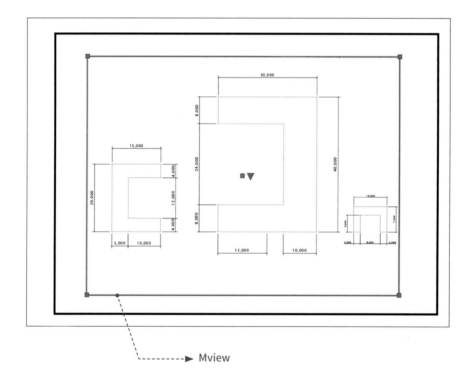

Mview

7 새로운 레이어를 생성하고 이름은 [MV]로 합니다.

　[Mview(viewport)]의 레이어를 새로 생성한 [MV 레이어]로 변경하여 줍니다.

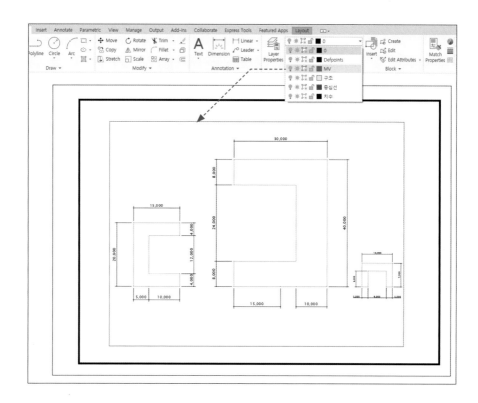

　* Mview(viewport)를 MV 레이어로 분류하여 조정하게 되면

　　레이어를 [Off] 하여 화면상에서 뷰포트 테두리를 보이지 않도록 할 수 있으며

　　출력 시에 보이지 않도록 할 수도 있습니다.

8 뷰포트 안쪽을 더블 클릭하여 모형 공간 안으로 들어간 뒤에
도면틀 중앙에 첫 번째 객체만 보이도록
화면을 움직이거나 확대 축소하여 대략 맞추어 줍니다.

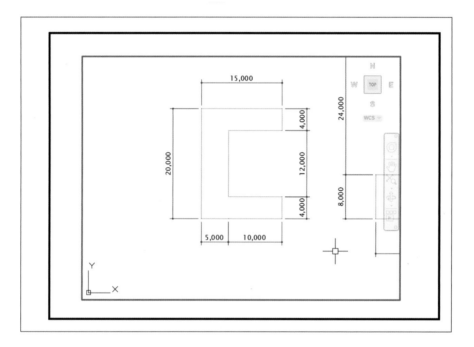

9 뷰포트 테두리 바깥쪽을 더블 클릭하여 배치 뷰로 나온 뒤에
뷰포트를 클릭하면 중앙에 삼각형이 있습니다.
삼각형을 클릭하여 리스트에서 적당한 스케일을 선택하여 맞추어봅니다.

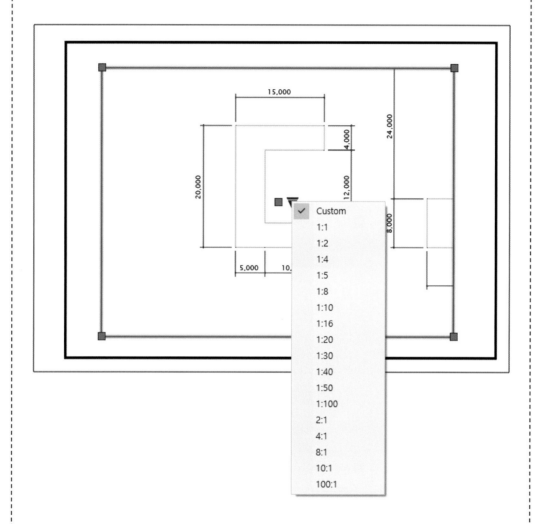

* 현재 리스트에서 1 : 100을 선택했을 때 형상과 치수가 도면 틀 안에 들어오지 않습니다.
  좀 더 많이 축척해 주어야 합니다.
  스케일 리스트에 1 : 100 이상의 축척 스케일이 없으므로 추가해 보겠습니다.

Layout Plot 배치 공간 출력

10 리본 메뉴 -> Annotate 탭 -> Anotation Scaling -> Scale List 창을 열어 주고
   [1 : 200]과 [1 : 300]을 추가하여 줍니다.

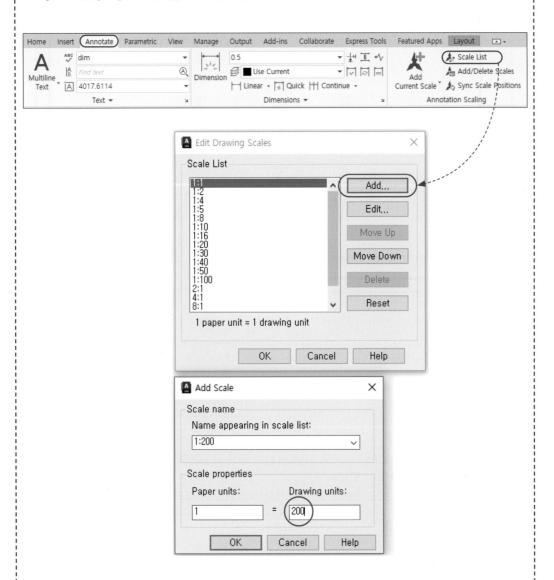

11 스케일 리스트를 추가한 뒤에 뷰포트 선택 후 리스트를 확인합니다.
리스트에서 1 : 200을 선택하면 형상과 치수 부분이 도면 틀 안에 적당히 들어오게 됩니다.

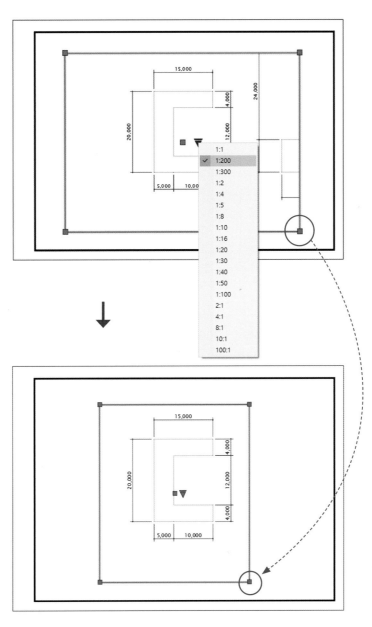

* 뷰포트의 그립점을 잡아끌어서 첫 번째 객체만 보일 수 있도록
뷰포트 테두리 크기를 조절하여 줍니다.

Layout Plot   배치 공간 출력

12 도면틀과 뷰포트 모두 선택하여 오른쪽으로 2개 더 복사합니다.

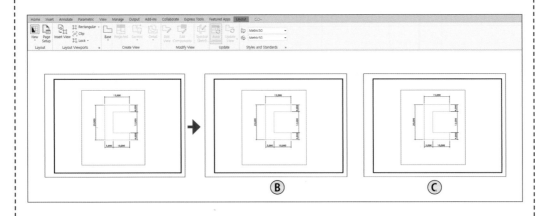

13 Ⓑ 뷰포트를 선택하고 스케일을 1 : 300으로 바꿔준 후에
뷰포트 안쪽을 더블클릭하여 모형 공간으로 들어갑니다.
화면을 움직여서 오른쪽 형상이 뷰포트 안에 보이도록 해줍니다.

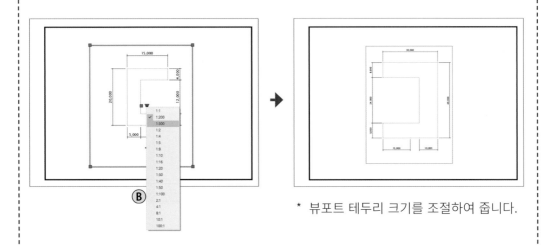

* 뷰포트 테두리 크기를 조절하여 줍니다.

14 Ⓒ 뷰포트를 선택하고 스케일을 1 : 100으로 바꿔준 후에
뷰포트 안쪽을 더블클릭하여 모형 공간으로 들어갑니다.
화면을 움직여서 오른쪽 형상이 뷰포트 안에 보이도록 해줍니다.

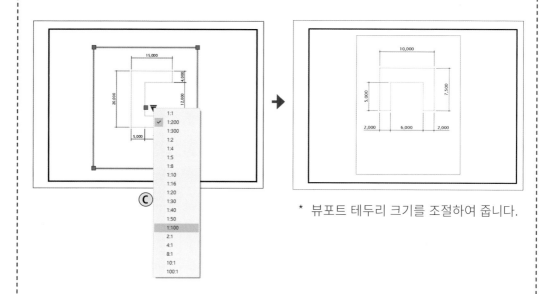

* 뷰포트 테두리 크기를 조절하여 줍니다.

15 뷰포트 스케일 값이 각각 [1 : 200], [1 : 300], [1 : 100]인
3개의 Page 영역이 만들어졌습니다.

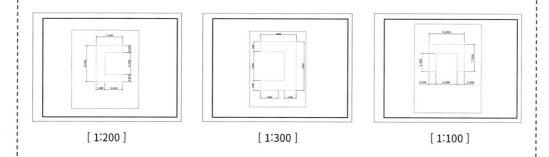

[1:200]   [1:300]   [1:100]

Layout Plot 배치 공간 출력

16 MV 레이어를 [Off] 합니다.

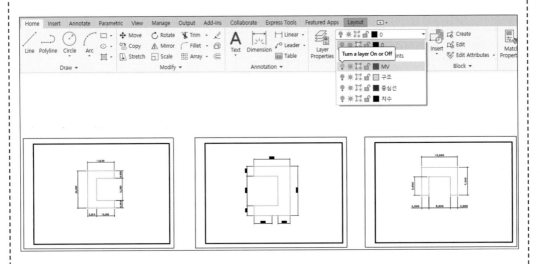

17 리본 메뉴 -> Layout 탭 -> Page Setup을 진행합니다.
새로운 페이지를 만들고 이름은 [1]로 합니다.

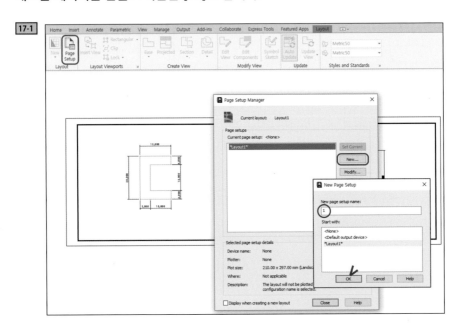

17-2 배치 공간에서는 뷰포트로 스케일을 지정해 주기 때문에
출력할 용지 사이즈와 동일하게 출력 스케일(Plot scale)은 [1 : 1]로
선택하여 주면 됩니다.

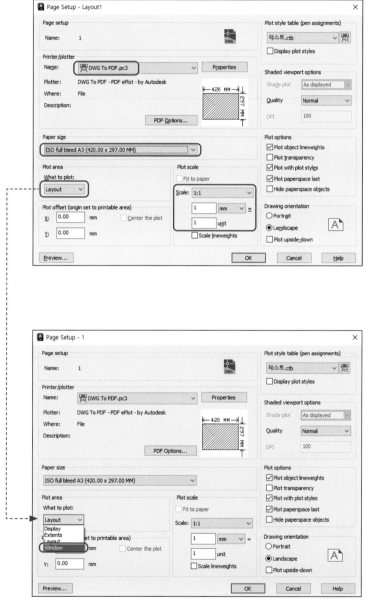

* Window를 선택하여 출력 영역을 잡아줍니다.

Layout Plot   배치 공간 출력

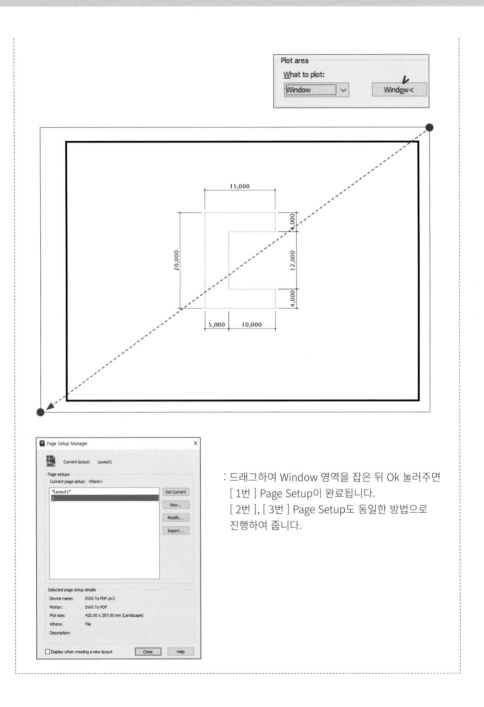

: 드래그하여 Window 영역을 잡은 뒤 Ok 눌러주면
 [1번] Page Setup이 완료됩니다.
 [2번], [3번] Page Setup도 동일한 방법으로
 진행하여 줍니다.

18 Page Setup 작업이 끝났다면 [Batch plot (Publish)]를 실행하여 보겠습니다.

19 [49. Batch Plot（303~306P)] 내용을 참고하여
다음과 같이 세팅하여 주시고 PDF 파일로 만들어봅니다.

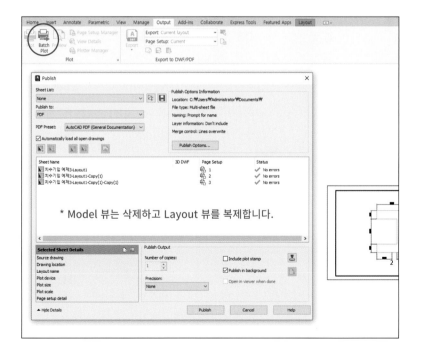

명령어	단축키	페이지	명령어	단축키	페이지
Line	L	28~33	Extend	EX	86~87
Zoom	Z	36~39	Mirror	MI	102~103
Dsettings (Drafting settings)	DS	40	Fillet	F	104~107
Circle	C	50~55	Chamfer	CHA	108~109
Arc	A	60~63	Array	AR	132~135
Rectangle	REC	66~67	Scale	SC	152~153
Pline	PL	68~69	Stretch	S	154~155
Pedit	PE	70~71	Rotate	RO	156~157
Join	J	72	Xline	XL	158~159
Explode	X	73	Break	BR	160
Polygon	POL	74~75	Lengthen	LEN	162~163
Ellipse	EL	76~77	Mline	ML	164
Move	M	78	Point	PO	172
Copy	CO	79	Divide	DIV	174~175
Offset	O	80~83	Donut	DO	176
Trim	TR	84~85	Linetype manager	LT	178~179

명령어	단축키	페이지	명령어	단축키	페이지
Ltscale	**LTS**	182	Dimlinear	**DLI**	244~266
Layer	**LA**	184~193	Dimaligned	**DAL**	244~266
Matchprop	**MA**	194~195	Dimangular	**DAN**	244~266
Hatch	**H**	196~201	Dimradius	**DRA**	244~266
Block	**B**	215~216	Dimdiameter	**DDI**	244~266
Insert	**I**	217	Dimcontinue	**DCO**	244~266
Wblock	**W**	218~221	Qdim	**QD**	244~266
Bedit	**BE**	222~225			
Group	**G**	232~233			
Style	**ST**	234			
Mtext	**T**	235			
Dtext	**DT**	236			
Dimstyle	**D**	238			
Qleader	**LE**	268~272			
Mleader	**MLD**	273~278			
Insert Table	**TB**	280~283			